世界技能大赛成果转化系列丛书
"十四五"职业教育部委级规划教材

Windows Server 系统服务学习指南

李群嘉 编著

中国纺织出版社有限公司

内 容 提 要

本书是基于世界技能大赛网络系统管理项目的技术背景所撰写。世界技能大赛由世界技能组织举办，被誉为"技能奥林匹克"，是世界技能组织成员展示和交流职业技能的重要平台。网络系统管理项目是指设计复杂网络，搭建安全可靠的数据传输网络和操作系统及服务平台并对其进行管理和运行维护等的竞赛项目。比赛中对选手的技能要求主要包括：进行新网络系统的设计、安装、升级和配置，保证商业云计算平台服务的连续性；处理 IT 系统的崩溃问题并进行故障排查。本书内容主要是围绕着该比赛使用的 Windows 系统，并抽取系统可提供的部分服务展开。

图书在版编目（CIP）数据

Windows Server 系统服务学习指南 / 李群嘉编著
. -- 北京：中国纺织出版社有限公司，2022.11
　（世界技能大赛成果转化系列丛书）
　"十四五"职业教育部委级规划教材
　ISBN 978-7-5180-9987-0

Ⅰ. ① W… Ⅱ. ① 李… Ⅲ. ① Windows 操作系统—网络服务器—职业教育—教材 Ⅳ. ① TP316.86

中国版本图书馆 CIP 数据核字（2022）第 202070 号

Windows Server Xitong Fuwu Xuexi Zhinan

责任编辑：李春奕 施 琦 责任校对：高 涵
责任印制：王艳丽

中国纺织出版社有限公司出版发行
地址：北京市朝阳区百子湾东里 A407 号楼 邮政编码：100124
销售电话：010—67004422 传真：010—87155801
http://www.c-textilep.com
中国纺织出版社天猫旗舰店
官方微博 http://weibo.com/2119887771
北京通天印刷有限责任公司印刷 各地新华书店经销
2022 年 11 月第 1 版第 1 次印刷
开本：787×1092 1/16 印张：8.5
字数：127 千字 定价：59.80 元

PREFACE

本书是基于世界技能大赛网络系统管理项目的技术背景所撰写。世界技能大赛由世界技能组织举办，被誉为"技能奥林匹克"，是世界技能组织成员展示和交流职业技能的重要平台。网络系统管理项目是指设计复杂网络，搭建安全可靠的数据传输网络和操作系统及服务平台并对其进行管理和运行维护等的竞赛项目。比赛中对选手的技能要求主要包括：进行新网络系统的设计、安装、升级和配置，保证商业云计算平台服务的连续性；处理 IT 系统的崩溃问题并进行故障排查。

其中部分模块使用 Windows Server 2016 进行部署实验，Windows Server 2016 服务器操作系统是各类信息技术应用和开发的基础，与各类信息化建设息息相关。服务器操作系统的课程覆盖了技工教育的各个层次和阶段。在中级技工、高级技工阶段，我们要为信息技术相关

专业的未来从业者培养专业的技术能力，让学生们在走出校门之前掌握最新的行业知识和技能，一出校门就可以胜任专业相关技术岗位，而不需要重新开始学习岗位技能，不会因为学到的知识与技能和现实岗位的需求脱节而面临困境。

本书的技术点涵盖大部分 Windows 服务器的内容，将世界技能大赛的技术技能点转化成相关的项目进行编写，技术标准规范遵循世界技能大赛的要求，适用于职业教育的专业技术技能人才培养。

本书旨在让读者通过学习书中介绍的实用操作快速地了解 Windows Server 2016 的系统服务，进而能够轻松地应用 Windows Server 2016 的常用系统服务。本书对 Windows Server 2016 的主要服务项目进行了概括性的解释，包括 Windows DHCP 服务、Windows DNS 服务、Windows 活动目录域服务等相关知识，内容较为简洁明了，适合作为

Windows Server 2016 的入门教材以及实验手册。全书共包含 10 个学习任务。其中，任务 1 介绍了 Windows Server 2016 DHCP 服务的原理与配置方法；任务 2 介绍了 DNS 服务部署方法以及 DNS 工作原理；任务 3 是部署活动目录域服务，使用 Windows Server 2016 配置 ADDS 以方便管理；任务 4 是将 Windows Server 2016 配置为证书服务，以对 PKI 结构的支持；任务 5 和任务 6 是对如何部署网站与应用服务的讲解以及 Windows 更新服务的配置，让读者能够快速地掌握相关内容；任务 7 和任务 8 讲解了 Windows 的远程访问服务以及 Windows Server 2016 的重磅功能——远程桌面服务，这两部分内容在如今的企业网环境中应用非常广泛；在最后两个学习任务中，讲解 Hyper-V 以及分布式文件系统，并且采用循序渐进的方式进行了案例演示。在阅读本书的过程中，读者需要结合书籍的内容进行环境与项目的构建，因此建议读者使用 VMware 搭建书中所示的实验环境进行测试。

编著者
2022 年 9 月 5 日

本书学习纲要

思政领域	学习任务章节	思政融合设计
国家意识	Windows Server 2016 DHCP 服务 Windows Server 2016 DNS 服务 Windows Server 2016 活动目录域服务	从设计 DHCP 环境以及 DNS 服务与活动目录域服务认识到网络安全的重要性，通过活动目录域服务将独立的服务器全部统一管理，防止单点服务器遭到入侵。维护网络安全是我国当代的一个重要任务，只有数据安全，才能让企业稳定发展，国家在重点领域才能引领世界的发展
爱岗敬业	Windows Server 2016 配置为证书服务 Windows Server 2016 远程桌面服务	通过证书服务与远程桌面服务的部署学习，培养读者的职业素养与爱岗敬业的精神
技术思想	Windows Server 2016 分布式文件系统	用项目拓展的方法引导读者列举分布式文件系统的应用场景，理解当前企业环境的技术要求，通过学习强化自己的技术技能，实现人生的自我价值

目录

CONTENTS

Windows Server 2016 DHCP 服务

1.1 任务目标

1. 阅读任务书，明确任务内容，完成任务练习。
2. 建议将实验设置为使用 VMware Workstation 或 VirtualBox 虚拟机的形式进行实验。
3. 掌握 Windows Server 2016 DHCP 服务的相关实现原理。
4. 掌握 Windows Server 2016 DHCP 服务的配置过程与维护过程。
5. 掌握 Windows Server 2016 DHCP 服务的备份方法。
6. 撰写关于 Windows Server 2016 DHCP 服务的实验报告。

1.2 任务分析

某小型企业现有 200 名员工，目前该企业使用的网络连接方式属于有线网络加无线网络，上网设备包括了计算机、移动计算机以及移动电话等，面临这么多的设备的联网需求，该企业该如何进行IP地址的管理？答案是使用DHCP服务。

DHCP服务在该案例中起到了关键作用。简单来说，DHCP服务可以自动将互联网协议地址（Internet Protocol Address，即IP地址）分配给所有允许联网的设备，使设备联网不需要人工进行干预，让使用网络的这一步骤透明化，本书将在本任务中演示DHCP服务。

1.3   任务学习

1.3.1   DHCP协议解释

动态主机设置协议（Dynamic Host Configuration Protocol，DHCP），又称动态主机组态协定，是一个用于IP网络的网络协议，位于开放式通信系统互联参考模型（Open System Interconnection，OSI）的应用层，使用用户数据报协议（User Datagram Protocol，UDP）工作，DHCP服务器端口号是67，DHCP客户端端口号是68。DHCP服务器主要有两个用途：

（1）用于内部网或网络服务供应商自动分配IP地址给用户。

（2）用于内部网管理员对所有电脑做中央管理。

DHCP是一种使网络管理员能够集中管理和自动分配IP网络地址的通信协议。在IP网络中，每个连接网络的设备都需要分配唯一的IP地址。DHCP使网络管理员能从中心节点分配和监控IP地址。当某台计算机移动到网络中的其他位置时，能自动收到新的IP地址。

DHCP使用了租约的概念，或称为"计算机IP地址的有效期"。租用时间是不定的，主要取决于用户在某地连接网络需要多久，这对于教育行业和其他用户频繁改变的环境是很实用的。透过较短的租期，DHCP能够在一个计算机比可用IP地址多的环境中动态地重新配置网络。DHCP支持为计算机分配静态地址，如需要永久性IP地址的Web服务器。

DHCP和另一个网络IP管理协议——引导程序协议（Bootstrap Protocol，BOOTP）类似。目前两种配置管理协议都得到了普遍使用，其中DHCP更为先进。在Windows Server 2016中，带有DHCP

服务器且其支持 BOOTP 协议，BOOTP 协议的使用场景是在无系统的设备网络引导环境中，比如通过网络的形式安装操作系统，就需要使用 BOOTP。

1.3.2　DHCP 服务的工作原理与过程

（1）DHCP 发现（DHCP DISCOVER）：客户端在物理子网上发送广播来寻找可用的服务器。网络管理员可以配置一个本地路由来转发 DHCP 包给另一个子网上的 DHCP 服务器。该客户端实现生成一个目的地址为 255.255.255.255 或者一个子网广播地址的 UDP 包。

客户端也可以申请它使用的最后一个 IP 地址。如果该客户端所在的网络中此 IP 仍然可用，服务器就可以准许该申请；否则，就要看该服务器是授权的还是非授权的。授权服务器会拒绝请求，使客户端立刻申请一个新的 IP；非授权服务器仅会忽略掉请求，导致一个客户端请求的超时，于是客户端就会放弃此请求而去申请一个新的 IP 地址。

（2）DHCP 提供（DHCP OFFER）：当 DHCP 服务器收到一个来自客户端的 IP 租约请求时，它会提供一个 IP 租约。DHCP 为客户端保留一个 IP 地址，然后通过网络单播一个 DHCP OFFER 消息给客户。该消息包含客户端的 MAC 地址、服务器提供的 IP 地址、子网掩码、租期以及提供 IP 的 DHCP 服务器的 IP。

（3）DHCP 请求（DHCP REQUEST）：当客户端收到一个 IP 租约提供时，它必须告诉所有其他的 DHCP 服务器它已经接受了一个租约提供。因此，该客户端会发送一个 DHCP REQUEST 消息，其中包含提供租约的服务器的 IP。当其他 DHCP 服务器收到了该消息后，它们会收回所有可能已提供给该客户端的租约。然后它们把曾经给该客户端保留的那个地址重新放回到可用地址池中，这样，它们就可以为其他计算机分配这个地址。任意数量的 DHCP 服务器都可以响应同一个 IP 租约请求，但是每一个客户网卡只能接受一个租约提供。

（4）DHCP 确认（DHCP ACK）：当 DHCP 服务器收到来自客户端的请求消息后，它就开始了配置过程的最后阶段。这个响应阶段包括发送一个 DHCP ACK 包给客户端。这个包包含租期和客户端可能请求的其他所有配置信息。这时候 TCP/IP 配置过程就完成了。

服务器响应请求并发送响应给客户端。整个系统期望客户端根据选项来配置其网卡，如图1-1所示。

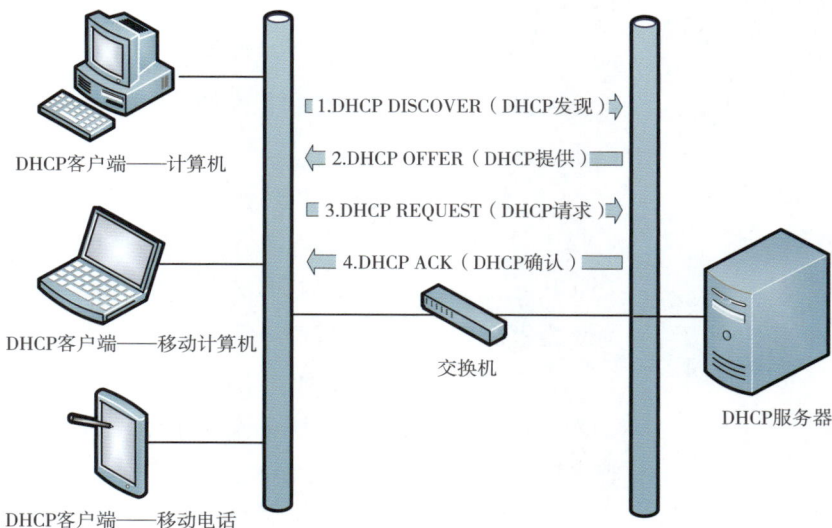

图 1-1　DHCP客户端——移动电话

1.DHCP DISCOVER（DHCP发现）
2.DHCP OFFER（DHCP提供）
3.DHCP REQUEST（DHCP请求）
4.DHCP ACK（DHCP确认）
交换机
DHCP服务器

1.3.3　DHCP服务的配置

在本案例中，使用VMware Workstation软件将Windows Server 2016虚拟化进行演示DHCP服务的安装，如图1-2所示。

图 1-2

　　登录Windows Server 2016系统后，进行DHCP服务器IP地址的配置，首先需要给这台服务器固定一个IP地址便于管理，点击"Win+R"打开"运行"窗口，输入"ncpa.cpl"，点击"确定"，如图1-3所示。

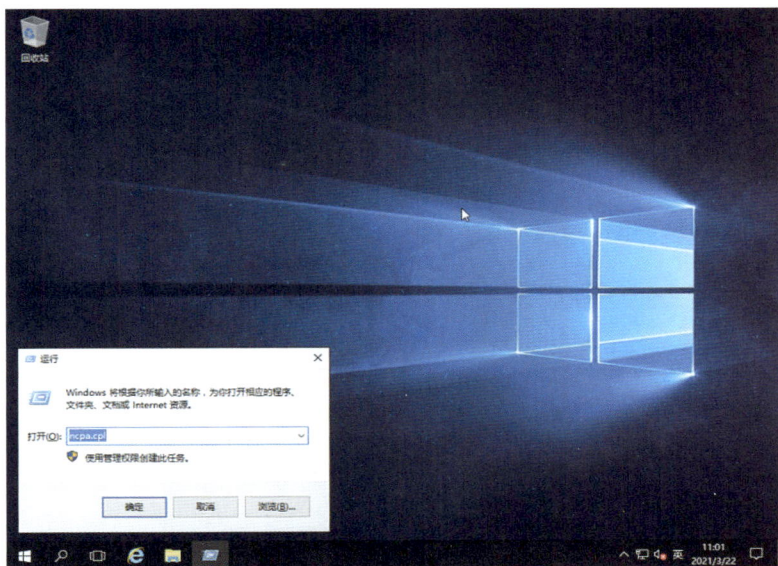

图1-3

　　在"网络连接"窗口，选择"Ethernet0"，右击选择"属性"，如图1-4所示。

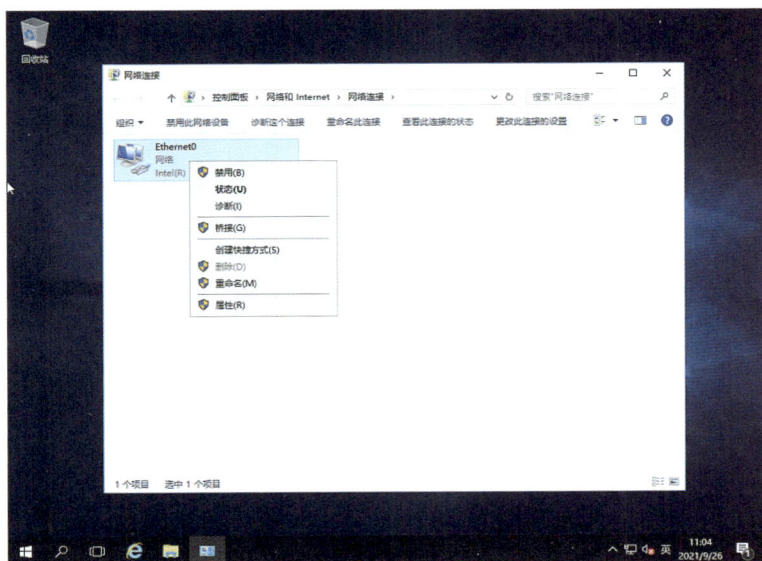

图1-4

在"Ethernet0 属性"窗口，选择"Internet 协议版本 4"，点击"属性"，如图1-5所示。

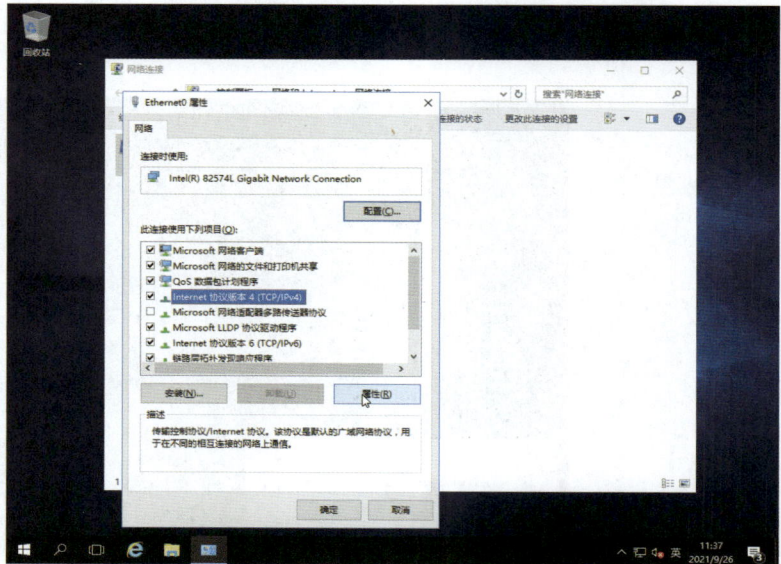

图1-5

在"Internet 协议版本4属性"窗口，点击"使用下面的IP地址"，并且在"IP地址""子网掩码""默认网关"中输入相关信息，在此案例中使用如下IP地址作为演示，如图1-6所示。

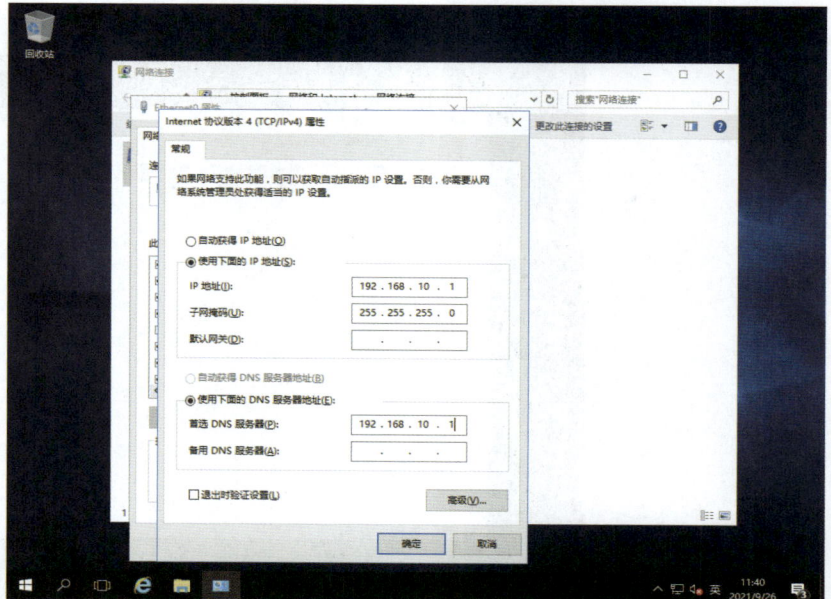

图1-6

输入相关信息，点击"确定"，在"运行"窗口输入 Windows 命令提示符（CMD），并且在输入的 IP CONFG 命令中查看网卡的配置信息，如图 1-7 所示。

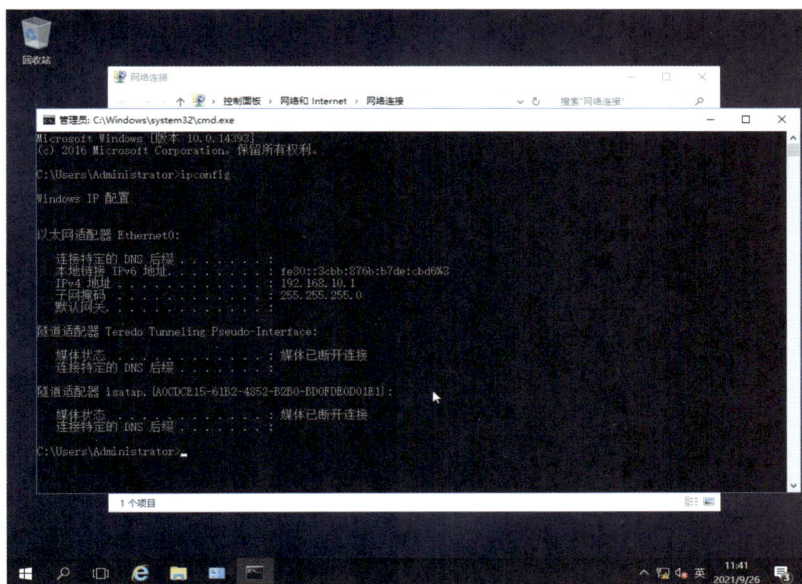

图 1-7

确认无误后，在"开始"菜单，找到"服务器管理器"，进入"服务器管理器"窗口，如图 1-8 所示。

图 1-8

在"服务器管理器"窗口点击"管理"，选择"添加角色和功能"，如图1-9所示。

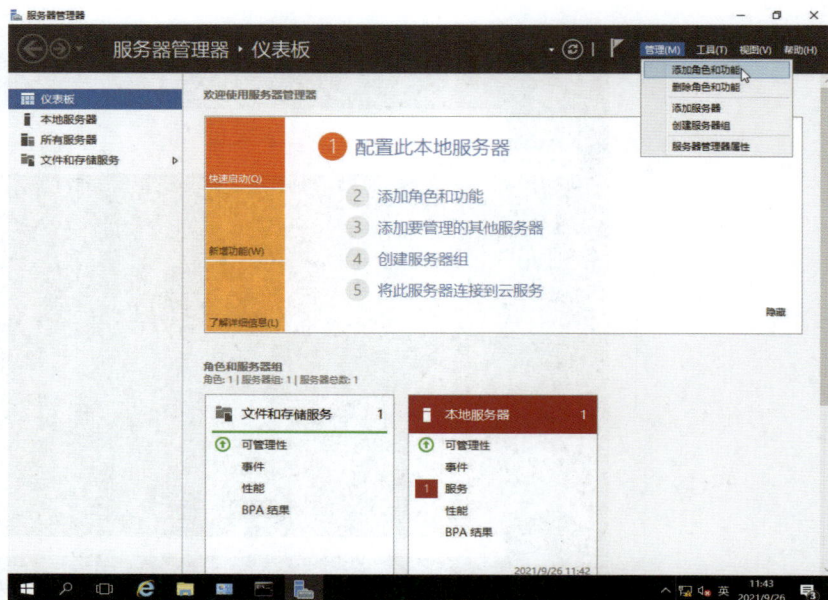

图1-9

在"添加角色和功能向导"中，点击"下一步"，选择"基于角色或基于功能的安装"，再点击"下一步"，如图1-10所示。

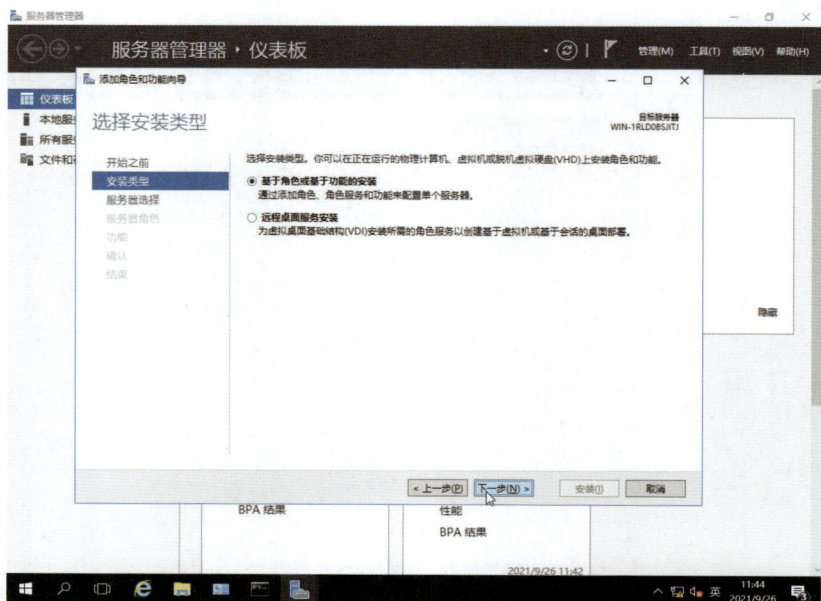

图1-10

在接下来的步骤中点击"下一步",到"选择服务器角色"窗口,勾选"DHCP服务器",点击"下一步",如图1-11所示。

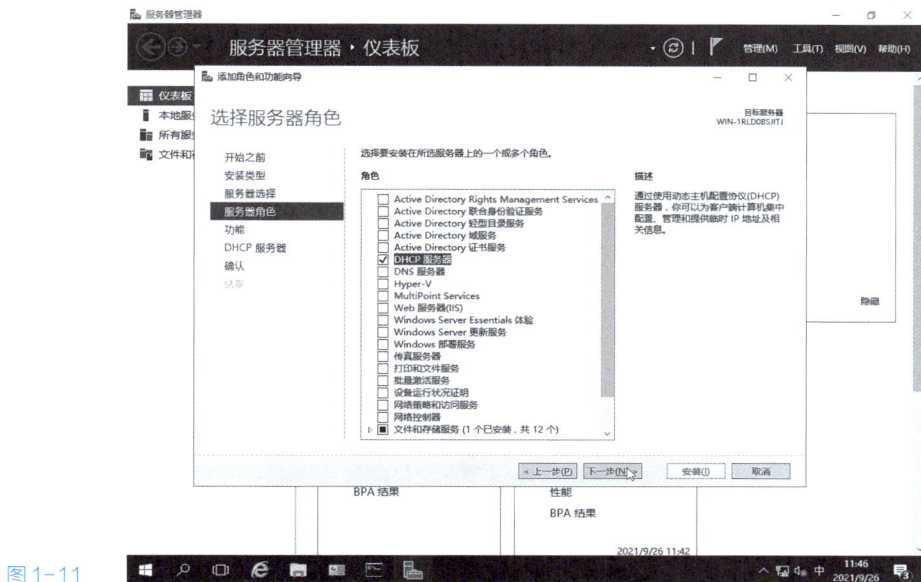

图1-11

在接下来的步骤,保持默认属性,点击"下一步",在"确认安装所选内容"窗口检索信息,若无误,点击"安装",等待安装完成,如图1-12、图1-13所示。

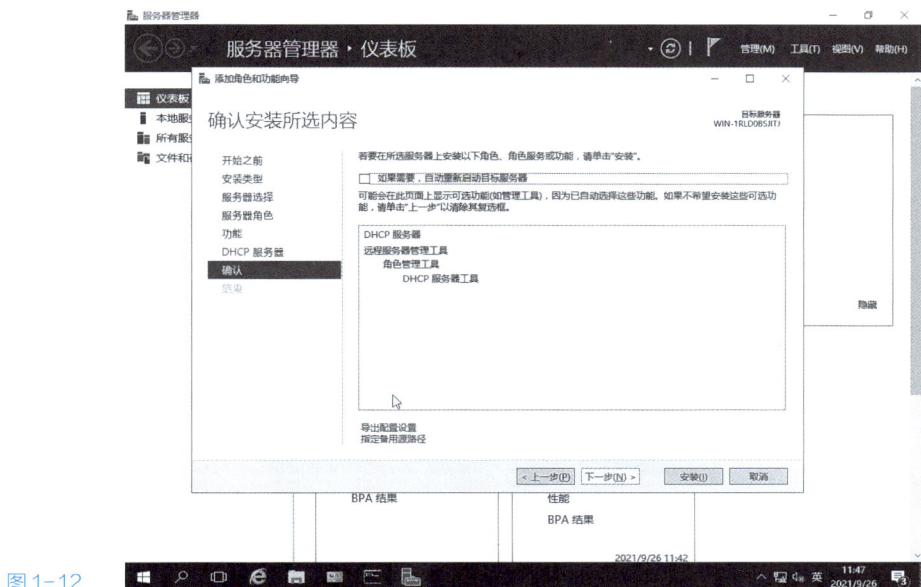

图1-12

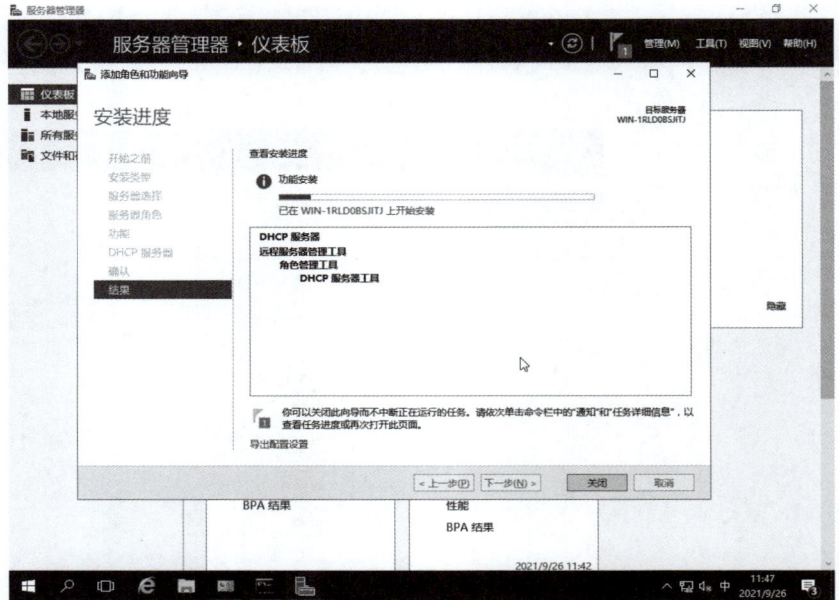

图1-13

安装完成后，在"服务器管理器"窗口点击"工具"，选择"DHCP"，打开"DHCP服务管理器"，如图1-14所示。

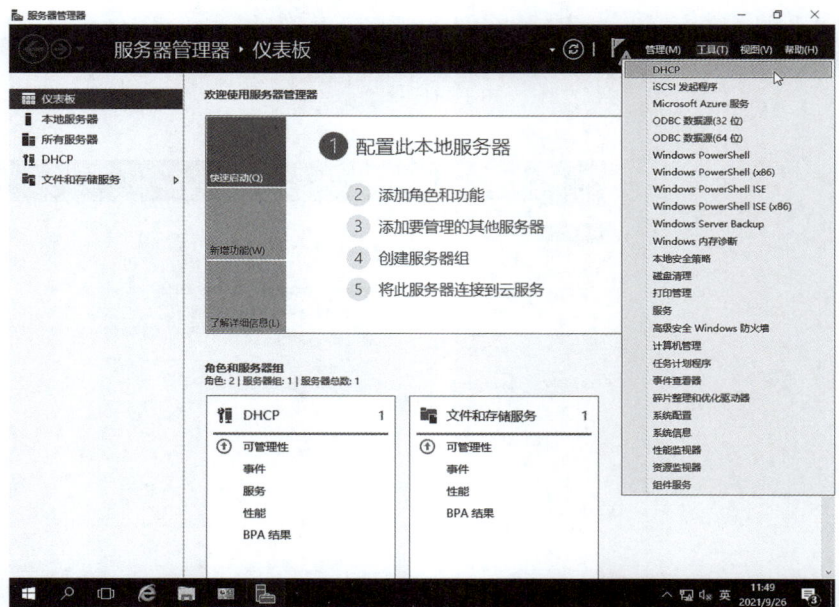

图1-14

在"DHCP"窗口点击"服务器"，展开当前DHCP服务器内容在当前版本的DHCP服务器中，可以配置IPv4与IPv6的DHCP功能，如图1-15所示。

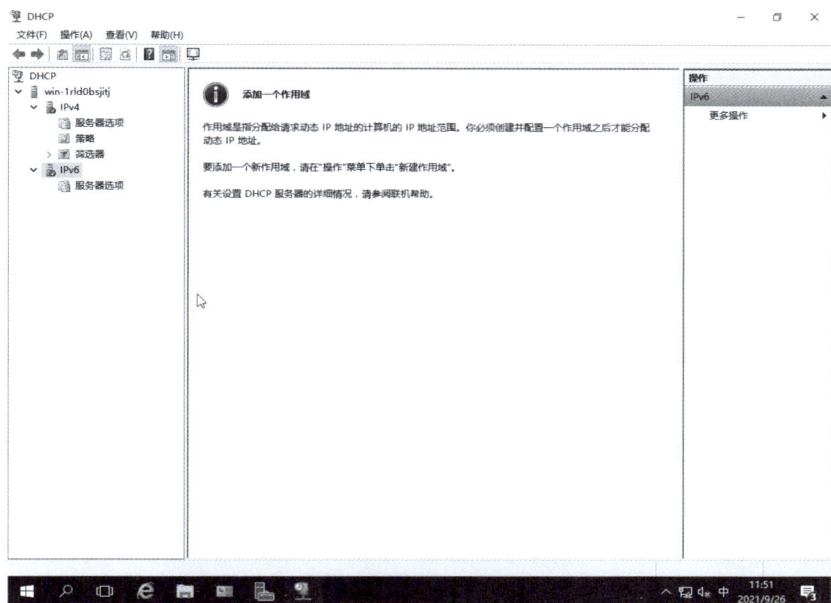

图 1-15

在"DHCP"窗口，右击"IPv4"，选择"新建作用域"，如图1-16所示。

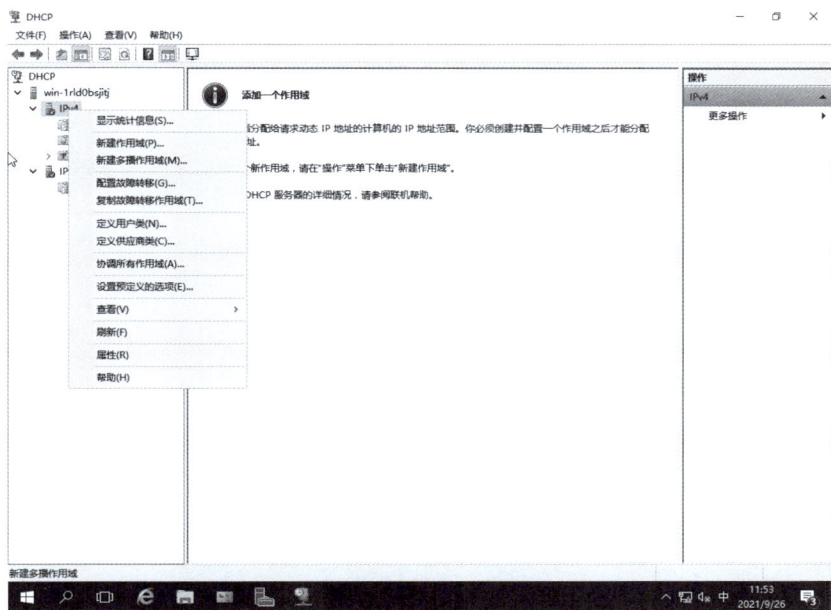

图 1-16

在"新建作用域向导"窗口点击"下一步"，在"作用域名称"窗口，输入作用域"名称""描述"等信息，点击"下一步"，如图1-17所示。

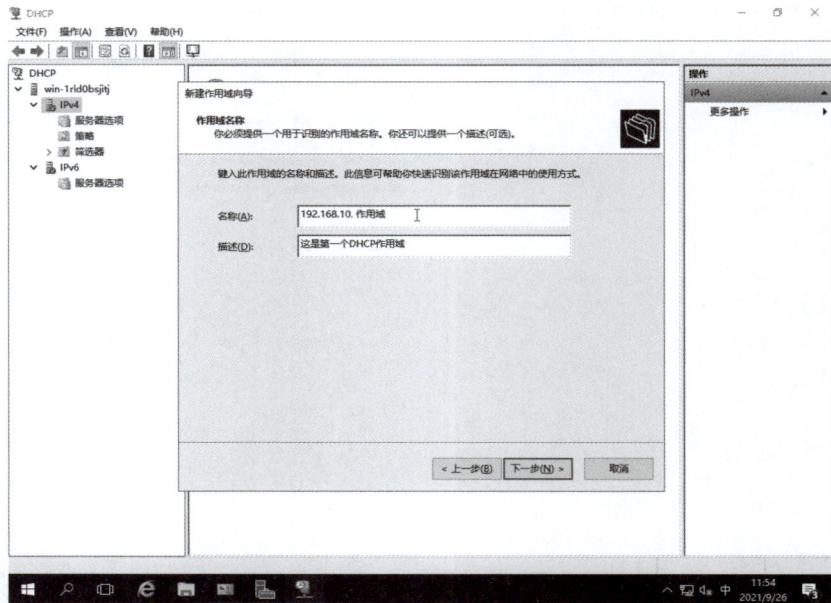

图 1-17

在"IP地址范围"窗口输入DHCP服务器的配置设置相关信息，点击"下一步"，如图1-18所示。

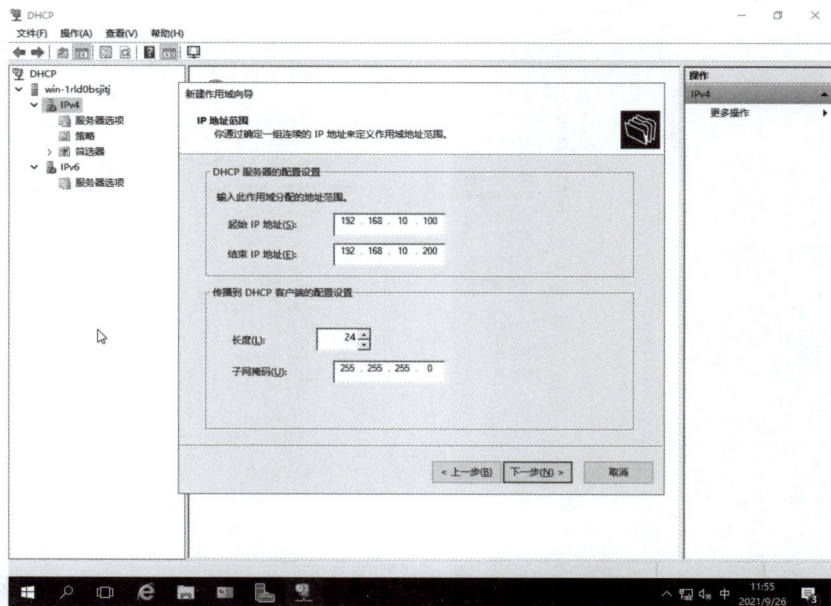

图 1-18

在"添加排除和延迟"窗口，可以输入IP地址段，这些IP地址段将不会被用于DHCP分配，在"子网延迟"处，可以输入相关延迟响应时间进行延迟地址分配。在该案例中，并不配置延迟，保持默认配置，点击"下一步"，如图1-19所示。

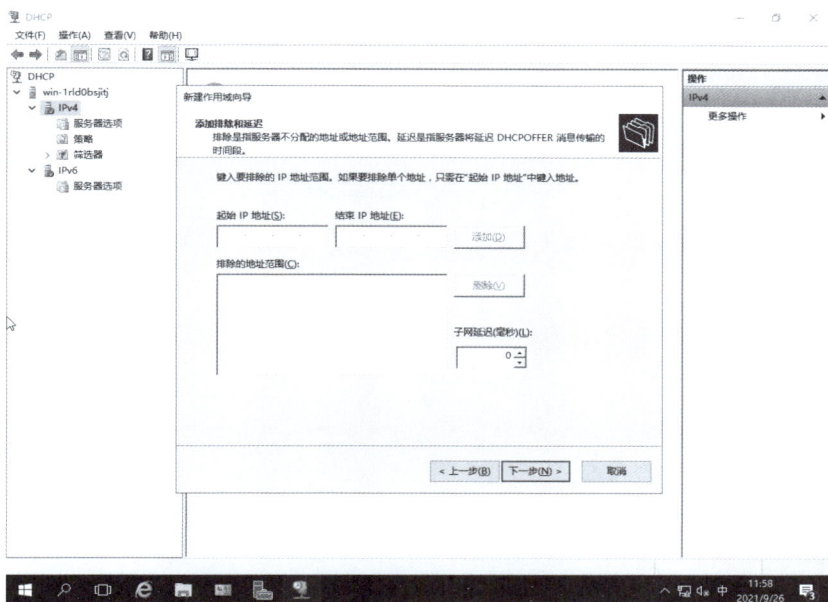

图1-19

在"租用期限"窗口，可以设定租约时长，在该案例中，保持默认配置，点击"下一步"，如图1-20所示。

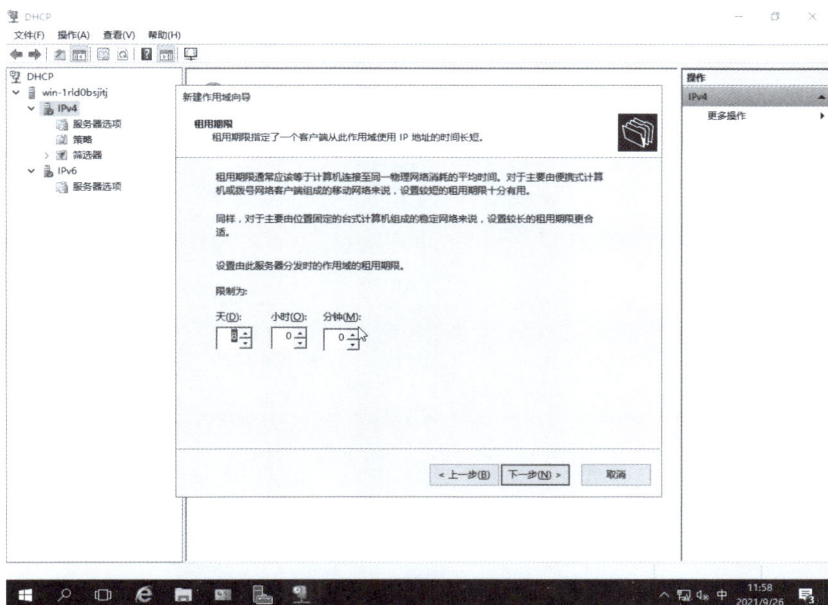

图1-20

在"配置DHCP选项"窗口，保持默认配置，点击"下一步"，如图1-21所示。

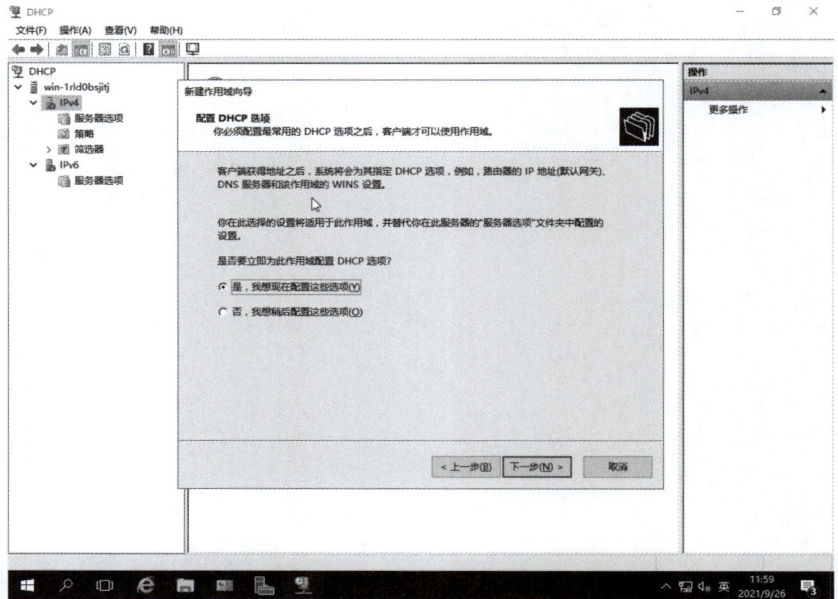

图1-21

在"路由器（默认网关）"窗口，将不进行任何配置，在后面的DHCP服务的作用域选项再进行配置，点击"下一步"，如图1-22所示。

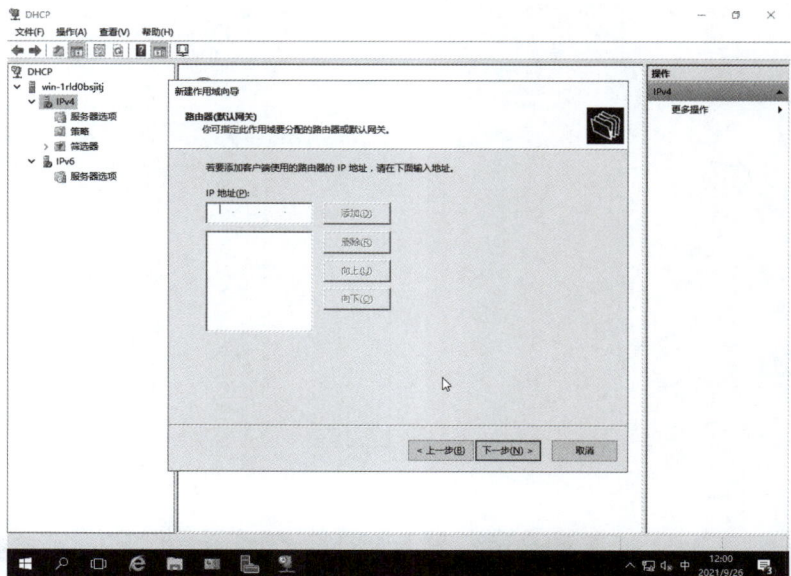

图1-22

在"域名称和DNS服务器"窗口，保持默认配置，点击"下一步"，如图1-23所示。

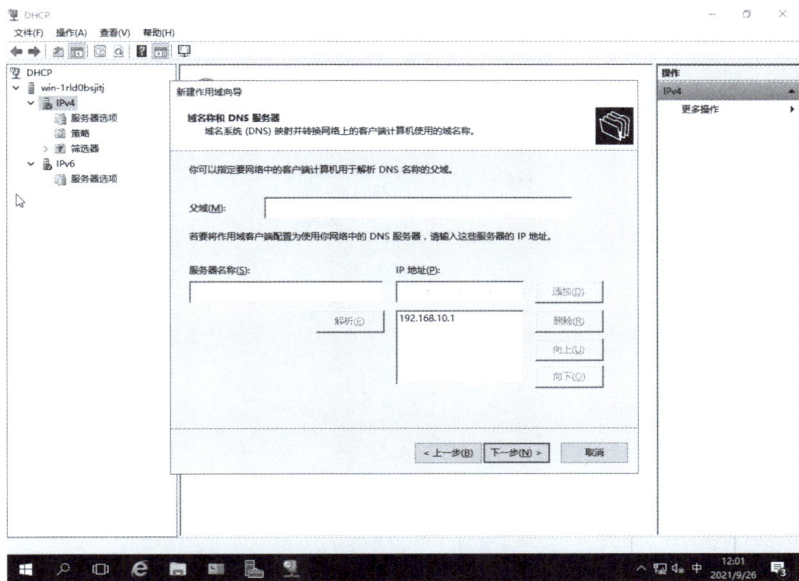

图 1-23

在"WINS服务器"窗口，由于WINS服务器的功能已被上一步骤的DNS服务器代替，所以在该案例中保持默认配置，点击"下一步"，如图1-24所示。

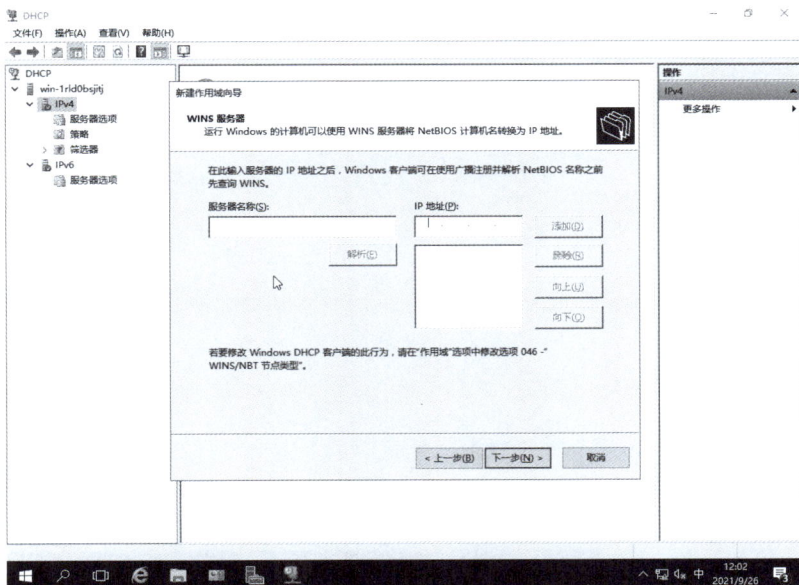

图 1-24

在"激活作用域"窗口，保持默认配置，点击"下一步"，如图1-25所示。

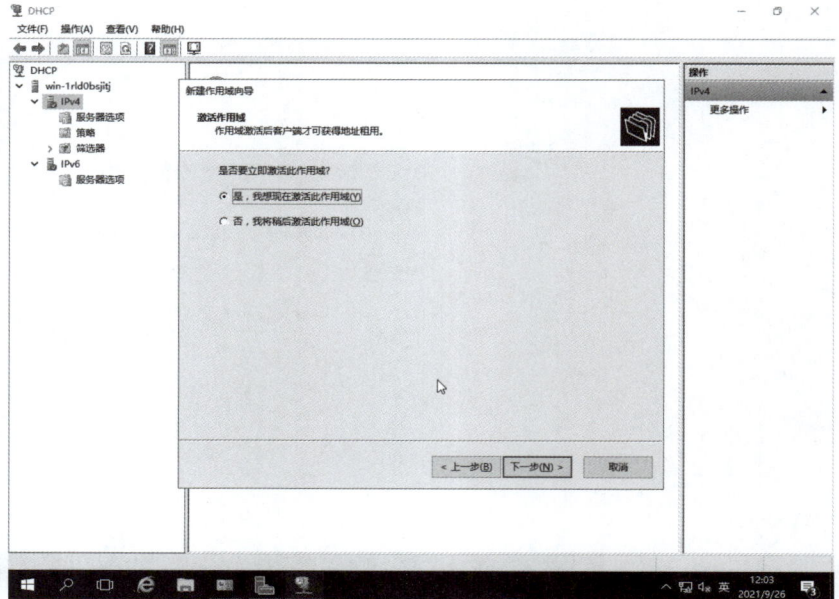

图1-25

配置完毕，在"DHCP"窗口可以查看当前作用域配置，如图1-26所示。

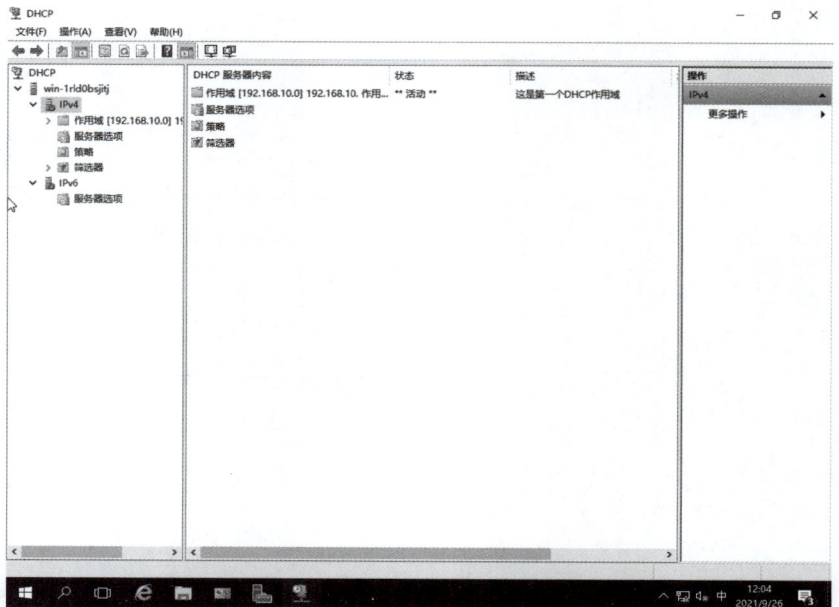

图1-26

1.3.4　DHCP服务的作用域选项

　　在上一个案例中，本书演示了DHCP服务在Windows Server 2016的配置过程，在这一个案例中，本书将演示DHCP服务的作用域选项配置。

　　我们将配置DHCP作用域选项003编号，003编号对应的是路由器（默认网关），在"DHCP"窗口，选择"作用域选项"，如图1-27所示。

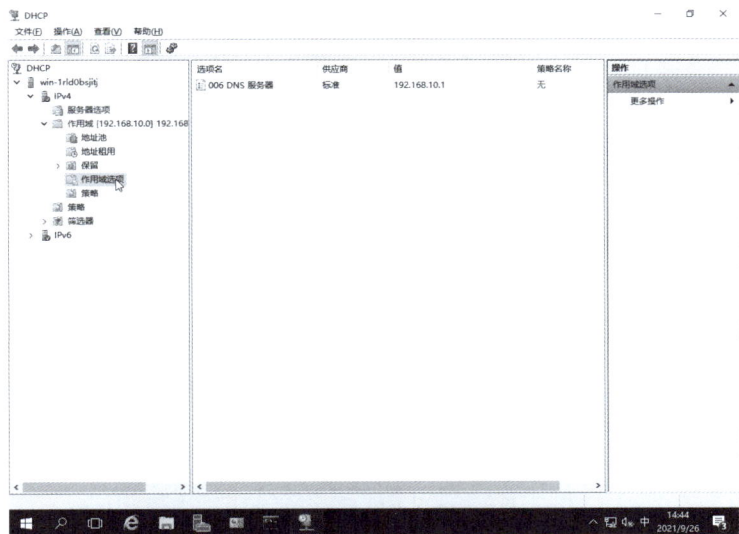

图1-27

　　右击"作用域选项"，点击"配置选项"，如图1-28所示。

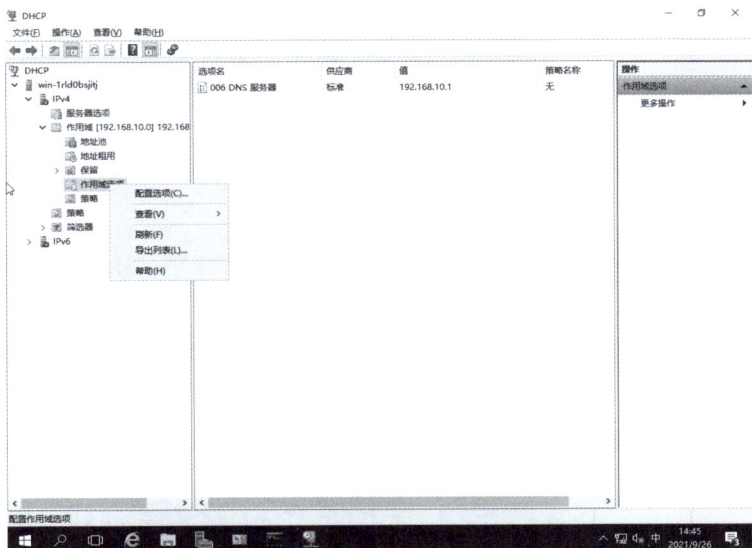

图1-28

在"作用域选项"窗口，选择"003 路由器"，并且在"IP 地址"栏输入路由器（网关）地址，点击"确定"，如图 1-29 所示。

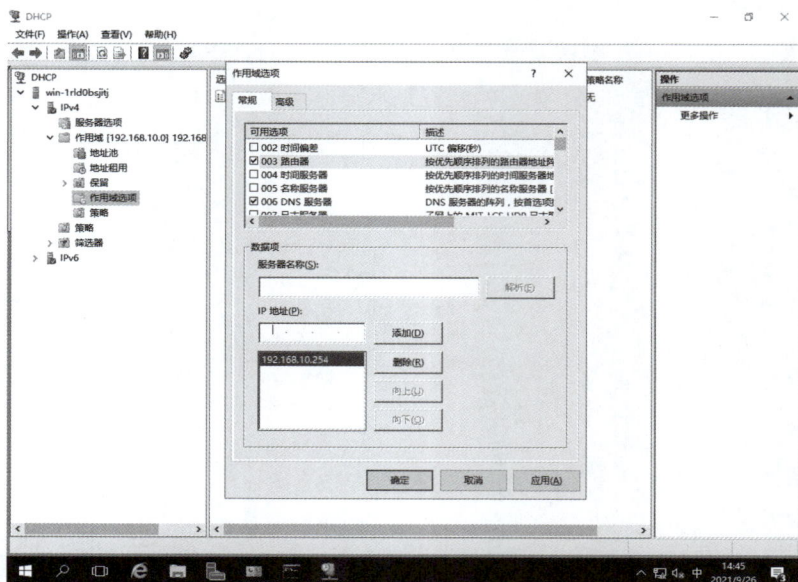

图 1-29

完成操作后，打开一台 Windows 客户端，作为 DHCP 客户端，将网络连接到与 DHCP 服务器相同的网络上，并且将网卡设定为 DHCP 获取，查看效果，如图 1-30 所示。

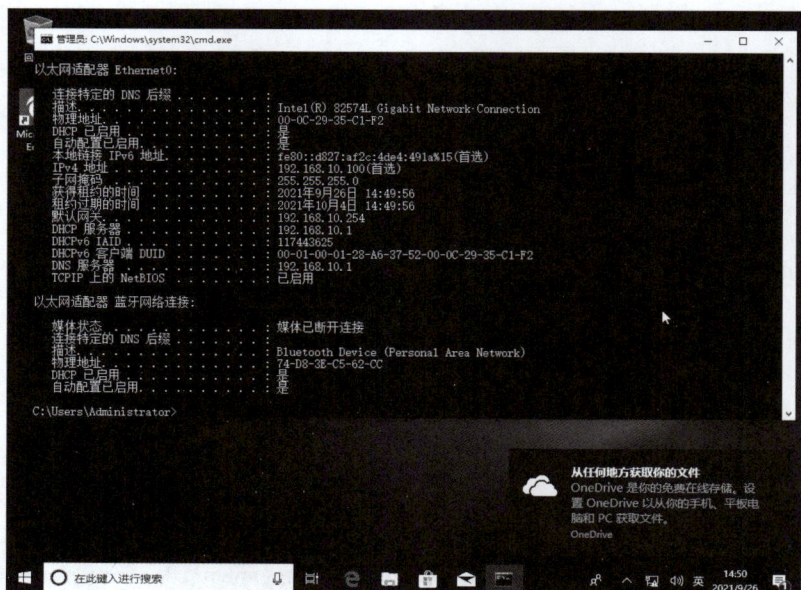

图 1-30

1.3.5　DHCP服务的备份与还原

企业需要给服务做备份，防止机器突然宕机导致业务瘫痪。关于DHCP服务，Windows Server 2016支持数据库备份，允许用户将DHCP服务进行备份与还原操作，本案例将演示DHCP服务的备份与还原操作。

在"DHCP"窗口，右击"服务器"，选择"备份"，如图1-31所示。

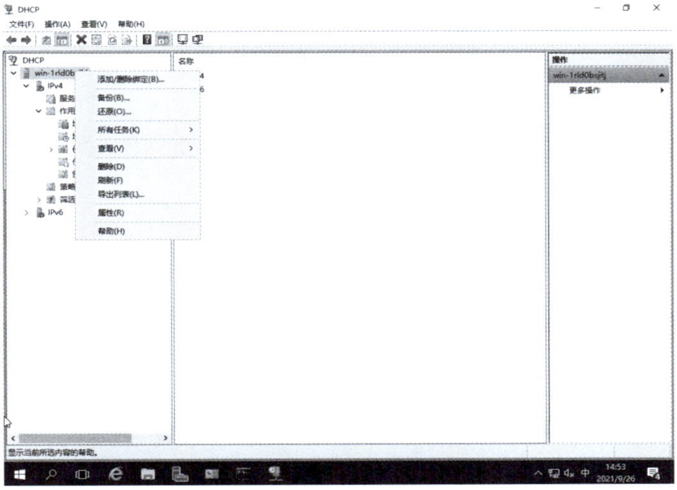

图1-31

在"浏览文件夹"窗口，选择备份的路径，点击"确认"。在该案例中，将此DHCP数据库与配置文件备份到"本地磁盘（C:）→DHCP-BACKUP"文件夹，如图1-32所示。

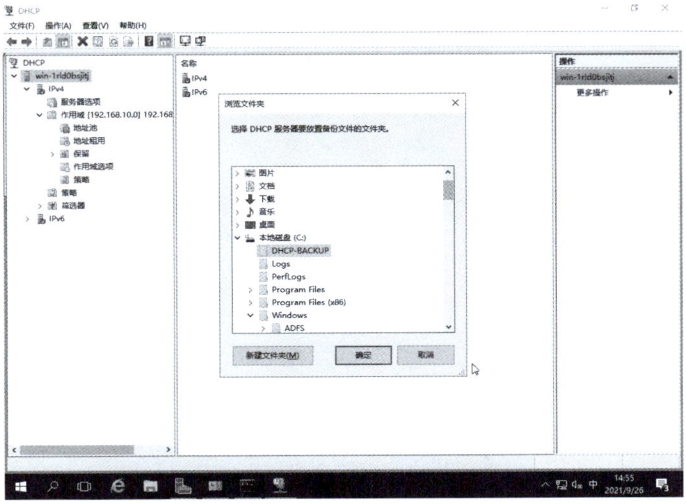

图1-32

备份完成后，打开该文件夹查看，"DhcpCfg"文件存储的是 DHCP服务器的相关配置，"new"文件夹存储的是DHCP作用域数据库文件，如图1-33所示。

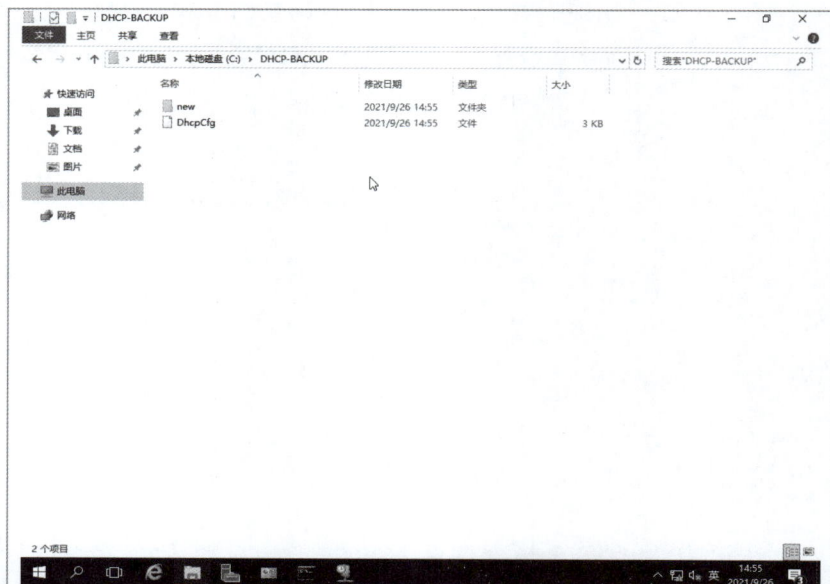

图1-33

接下来演示还原操作。

在"DHCP"窗口，右击"服务器"，选择"还原"，如图1-34所示。

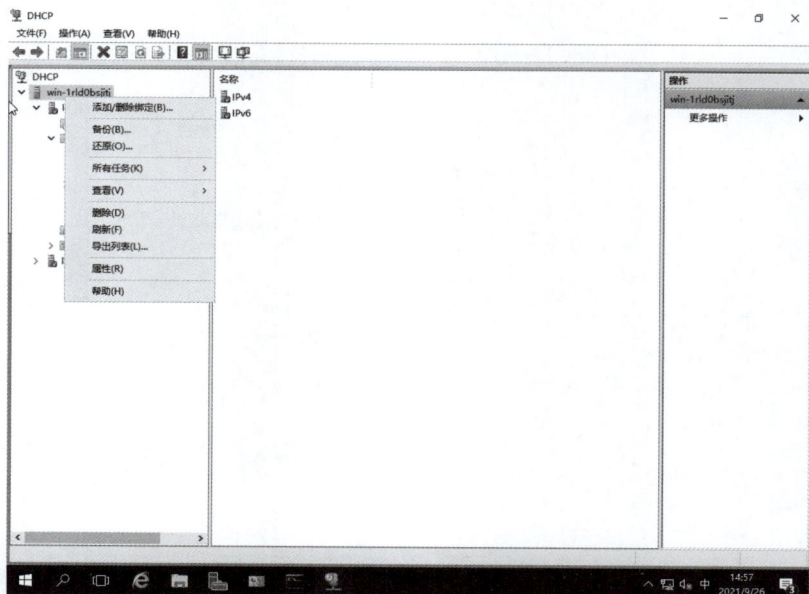

图1-34

在"浏览文件夹"窗口，选择"DHCP-BACKUP"文件夹，这个文件夹是在上一个案例备份的数据，点击"确定"，如图1-35所示。

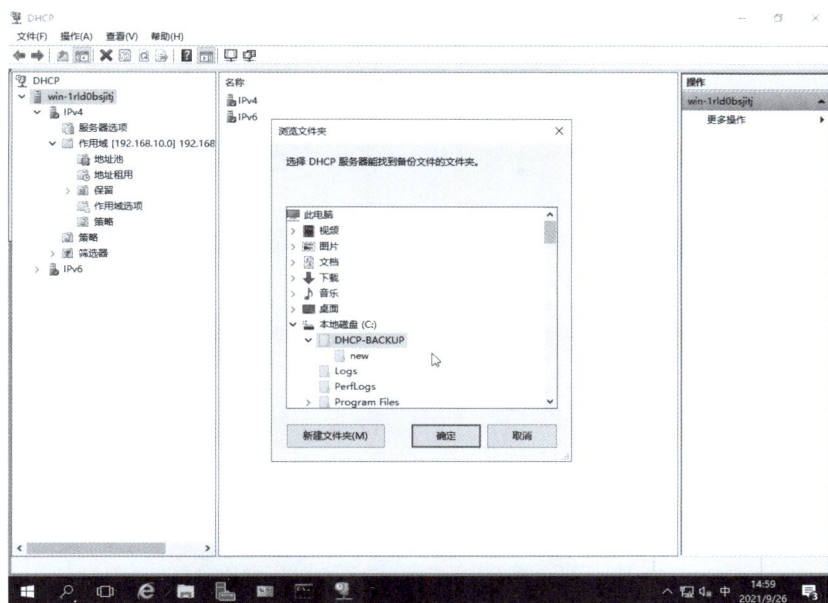

图1-35

还原期间，需要重启DHCP服务，在弹出的提示中，点击"是"进行还原，如图1-36所示。

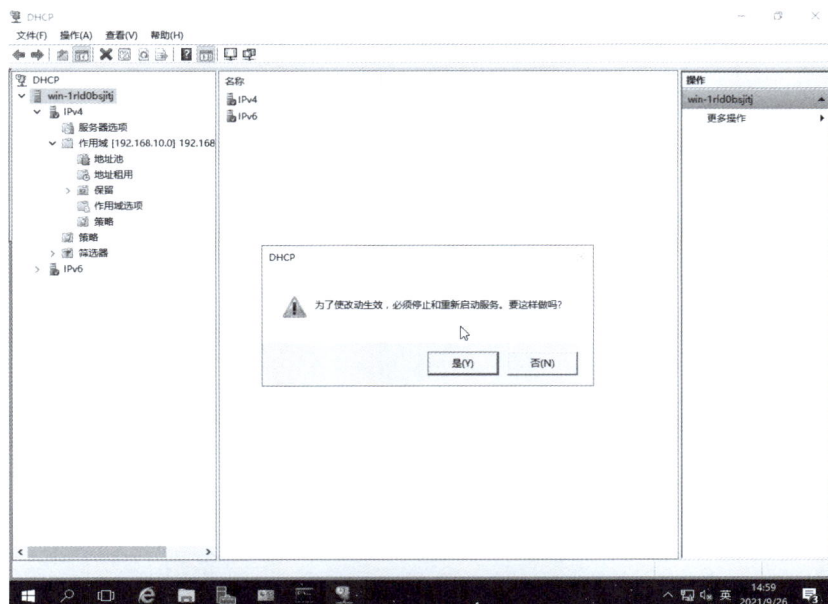

图1-36

等待重启完毕，即完成了DHCP还原，如图1-37所示。

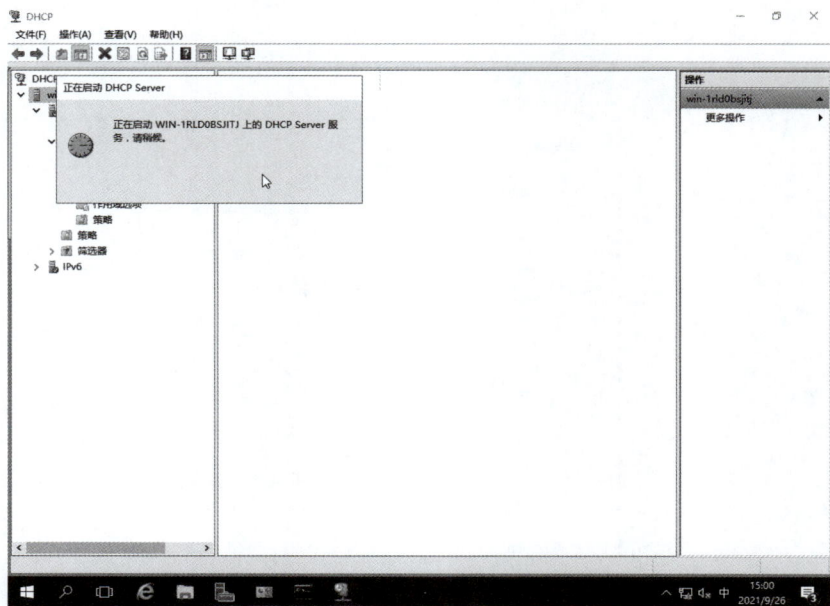

图 1-37

1.4　任务练习

通过DHCP协议解释、DHCP服务的工作原理与过程、DHCP服务的配置等小节的学习，读者对DHCP服务有了进一步的了解，现在请完成以下练习并撰写实验报告。

（1）安装一台Windows Server 2016、一台Windows 10，在Windows Server 2016中启用DHCP服务器，并且单独固定地给Windows 10静态分配地址192.168.100.33。

（2）安装一台Windows Server 2016、一台Windows 10，设定Windows 10这个客户端不能获取到网关。

1.5　任务总结与拓展

本任务介绍了DHCP的工作过程以及配置过程，在实际场景，DHCP的使用途径非常广泛，请结合当前章节的学习内容，总结并且列举DHCP的使用场景，并且尝试编写DHCP使用部署方案。

任务

2

Windows Server 2016
DNS 服务

2.1　任务目标

①　阅读任务书，明确任务内容，完成任务练习。

②　建议将实验设置为使用 VMware Workstation 或 VirtualBox 虚拟机
的形式进行实验。

③　掌握 Windows Server 2016 DNS 服务的相关实现原理。

④　掌握 Windows Server 2016 DNS 服务的配置过程与维护过程。

⑤　掌握 Windows Server 2016 DNS 服务的泛解析功能。

⑥　掌握 Windows Server 2016 DNS 的轮询负载功能。

⑦　撰写关于 Windows Server 2016 DNS 服务的实验报告。

2.2　任务分析

　　一般情况下，服务器是有一个固定的 IP 地址的，比如某企业拥有一台网站服务器与一台文件服务器，当用户需要访问它们的时候，是可以通过服务器的IP地址进行访问的，但是IP地址是一组无规律数字组成的一段数组，要记住它们是相对困难的，此时可以采用DNS服务作为解决方案。DNS服务的作用是可以为IP地址赋予一个好记的备注，比如网站服务器的IP地址是"202.96.100.100"，用户可以将"202.96.100.100"这个IP地址做一个"www.contoso.com"的备注，访问"www.contoso.com"就等于访问"202.96.100.100"，这个备注的过程称为"解析"。

2.3　任务学习

2.3.1　DNS协议解释

网域名称系统（Domain Name System，DNS）是互联网的一项服务。它作为将域名和IP地址相互映射的一个分布式数据库，能够使人们更方便地访问互联网。DNS使用TCP和UDP端口53。当前，对于每一级域名长度的限制是63个字符，域名总长度则不能超过253个字符。

开始时，域名的字符仅限于ASCII字符的一个子集。2008年，互联网名称与数字地址分配机构（ICANN）通过一项决议，允许使用其他语言作为互联网顶级域名的字符。使用基于Punycode码的IDNA系统，可以将Unicode字符串映射为有效的DNS字符集。因此，诸如"XXX.中国""XXX.俄罗斯"的域名可以在地址栏直接输入并访问，而不需要安装插件。但是，由于英语的广泛使用，使用其他语言字符作为域名会产生多种问题，例如难以输入、难以在国际推广等。

DNS通过允许一个名称服务器把它的一部分名称服务"委托"给子服务器而实现了一种层次结构的名称空间。此外，DNS还提供了一些额外的信息，例如系统别名、联系信息以及哪一个主机正在充当系统组或域的邮件枢纽。

任何一个使用IP的计算机网络可以使用DNS来实现它的私有名称系统。尽管如此，当提到在公共网络的DNS系统上实现的域名时，术语"域名"是最常使用的。

这是基于984个全球范围的"根域名服务器"（分成13组，分别编号为 A~M）。从这 984 个根服务器开始，余下的网络 DNS 名字空间被委托给其他 DNS 服务器，这些服务器提供 DNS 名称空间中的特定部分。

2.3.2　DNS解析器

DNS 解析器可视为被要求去网络资源的某个地方查找特定资源的组件。DNS 解析器是一种服务器，旨在通过 Web 浏览器等应用程序接收客户端计算机的查询。然后，解析器一般负责发出其他请求，以满足客户端的 DNS 查询。

2.3.3　根域名服务器

根域名服务器是将人类可读的主机名转换（解析）为 IP 地址的第一步。可将其视为指向不同服务器的网络资源中的索引，一般其作为对其他更具体位置的引用。

2.3.4　顶级域名服务器

顶级域名服务器（TLD）可被视为网络资源中的特定服务器。此域名服务器是搜索特定 IP 地址的下一步，其托管主机名的最后一部分（在 "contoso.com" 中，TLD 服务器为 "com"）。

2.3.5　权威性域名服务器

可将权威性域名服务器视为 DNS 上的最终查询点，其中特定名称可被转换成其定义。权威性域名服务器是域名服务器查询中的最后一站。如果权威性域名服务器能够访问请求的记录，则其会将已请求主机名的 IP 地址返回到发出初始请求的 DNS 解析器上。

2.3.6　域名解析的工作原理与过程（图2-1）

第一步，用户在 Web 浏览器中键入 "contoso.com"，查询传输到网络中，并被DNS递归解析器接收。接着，解析器查询DNS根域名服务器（.）。

第二和第三步，根服务器使用存储其域信息的顶级域（TLD）DNS服务器（例如".com"或".net"）的地址响应该解析器。在搜索"contoso.com"时，请求指向".com TLD"，解析器向".com TLD"发出请求。

第四和第五步，TLD服务器随后使用该域的域名服务器"contoso.com"的IP地址响应。

第六步，递归解析器将查询发送到域的域名服务器。

第七步，"contoso.com"的IP地址随后从域名服务器返回解析器。

第八步，DNS解析器使用最初请求的域的IP地址响应网页浏览器。DNS查找的这八个步骤返回"contoso.com"的IP地址后，浏览器便能发出对该网页的请求。

第九步，浏览器向该IP地址发出HTTP请求。

第十步，位于该IP地址的服务器返回将在浏览器中呈现的网页。

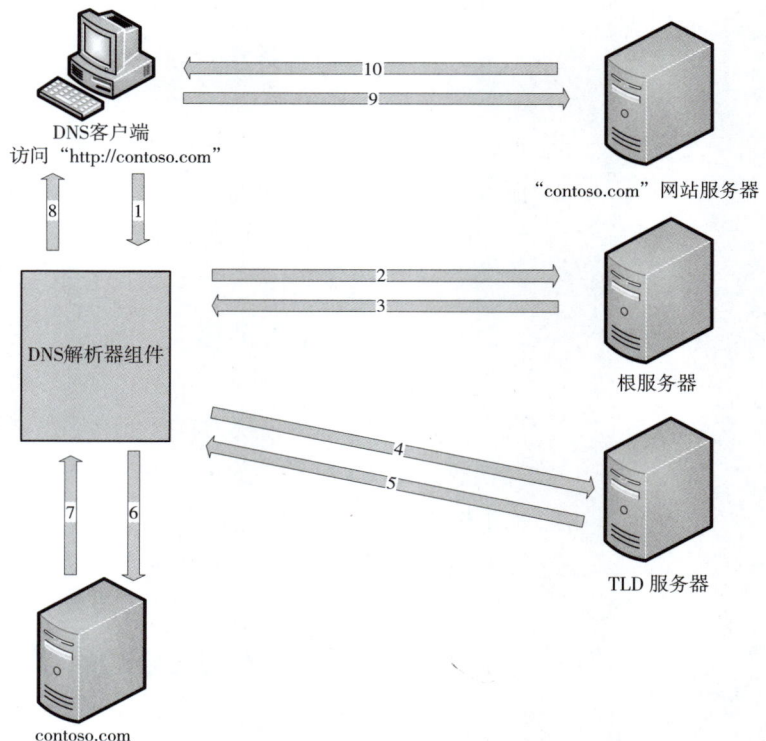

图2-1

2.3.7　DNS服务的配置

在本案例中，使用VMware Workstation软件将Windows Server 2016虚拟化演示DNS服务的安装，参见图1-2。

登录服务器，打开"服务器管理器"，如图2-2所示。

图2-2

点击"管理"，选择"添加角色和功能"，如图2-3所示。

图2-3

在"添加角色和功能向导"窗口点击"下一步",如图2-4所示。

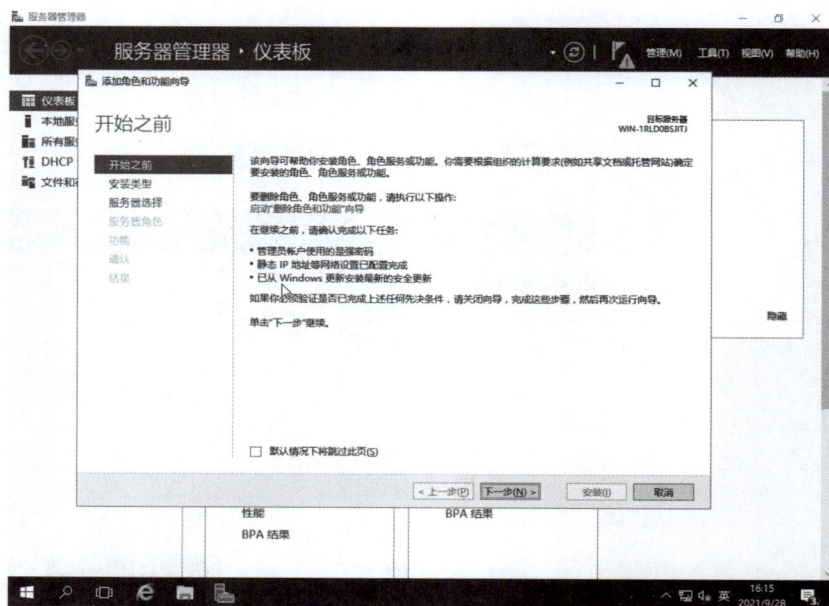

图2-4

选择"基于角色或基于功能的安装",点击"下一步",如图2-5所示。

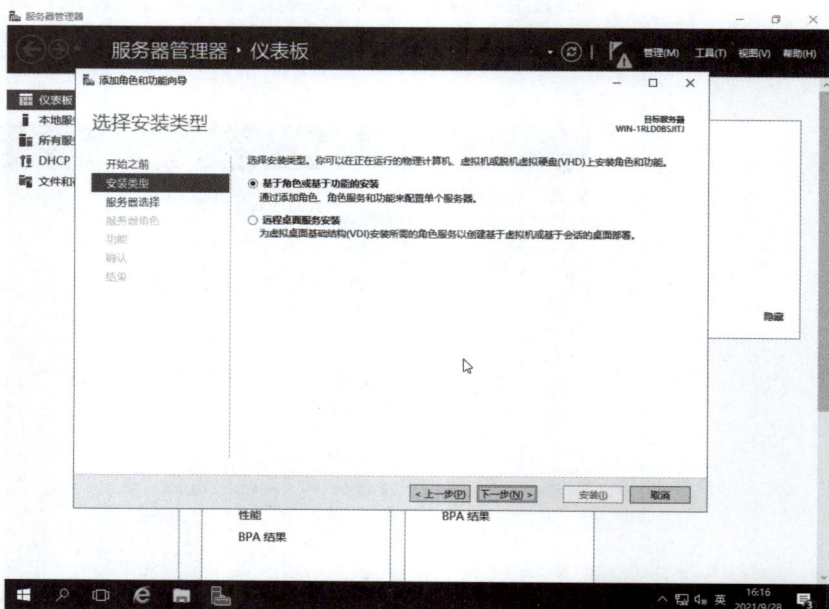

图2-5

在"选择目标服务器"窗口,点击"下一步",如图2-6所示。

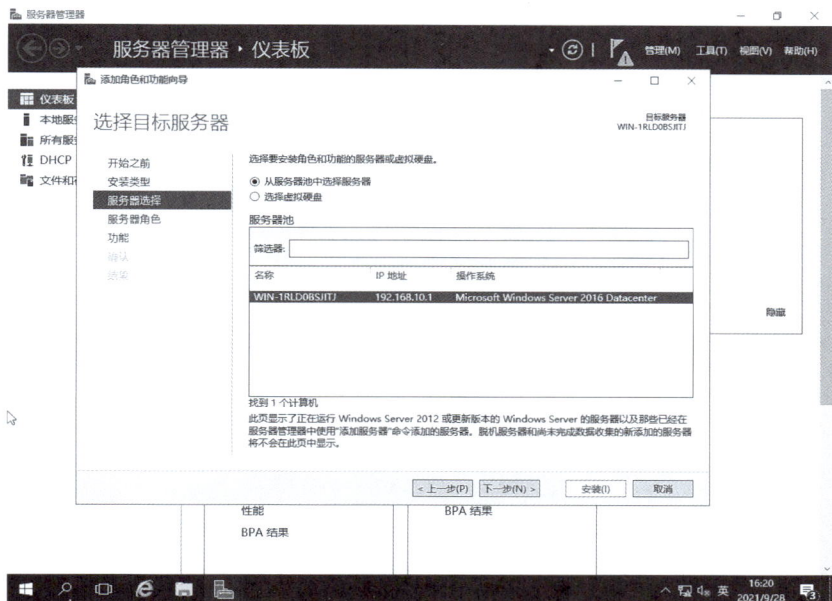

图2-6

　　在"选择服务器角色"窗口，勾选"DNS服务器"，点击"下一步"，如图2-7所示。

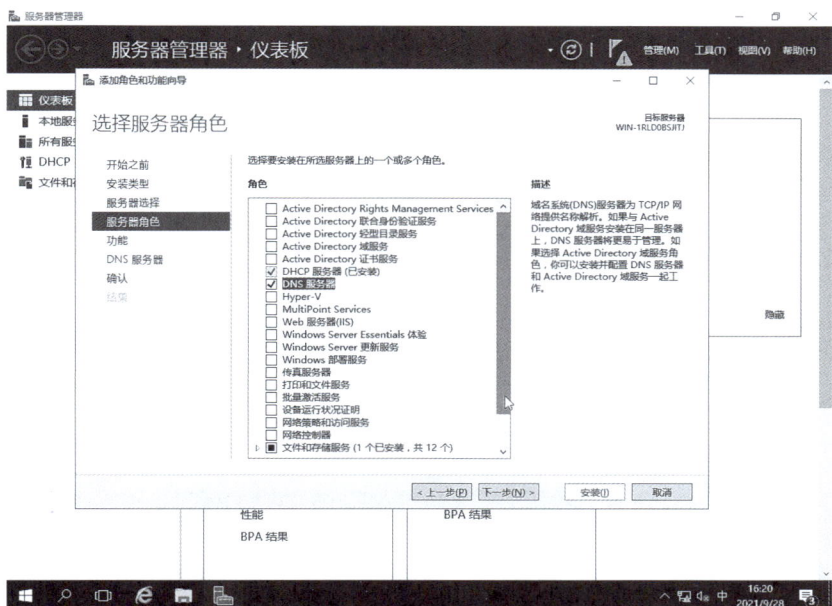

图2-7

　　在接下来的安装步骤中，点击"下一步"，在"确认安装所选内容"窗口点击"安装"，等待安装完成，如图2-8、图2-9所示。

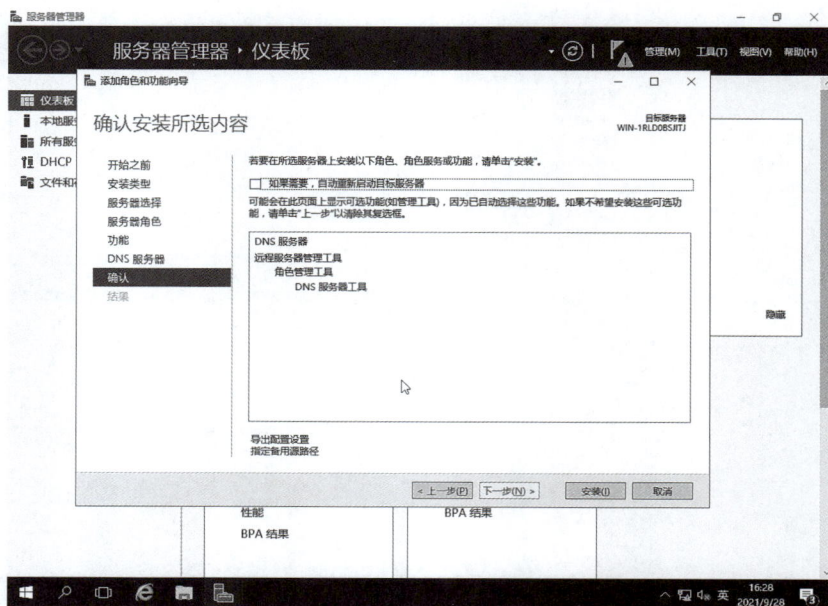

图2-8

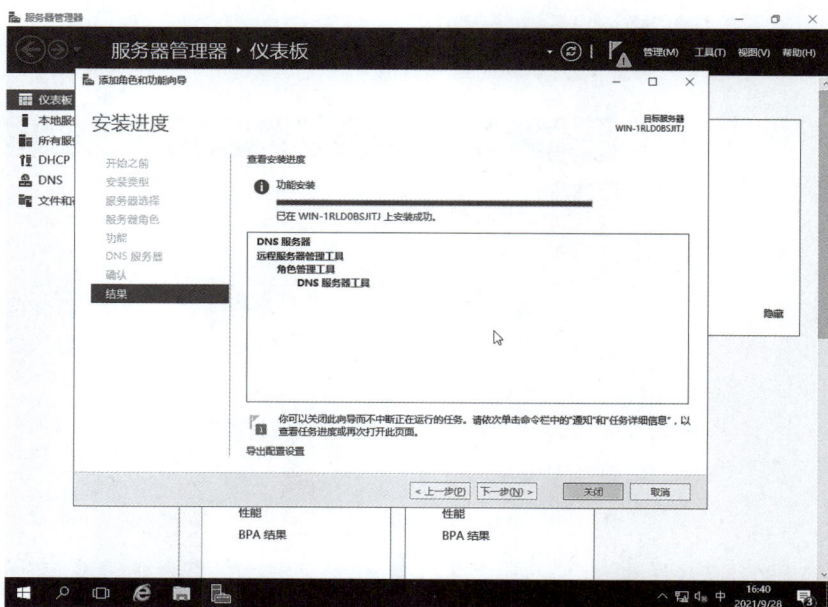

图2-9

　　安装完毕，打开DNS服务器管理器，在操作界面按下"Windows+R"键，并在"运行"框输入"dnsmgmt.msc"，打开DNS服务器管理器，如图2-10所示。

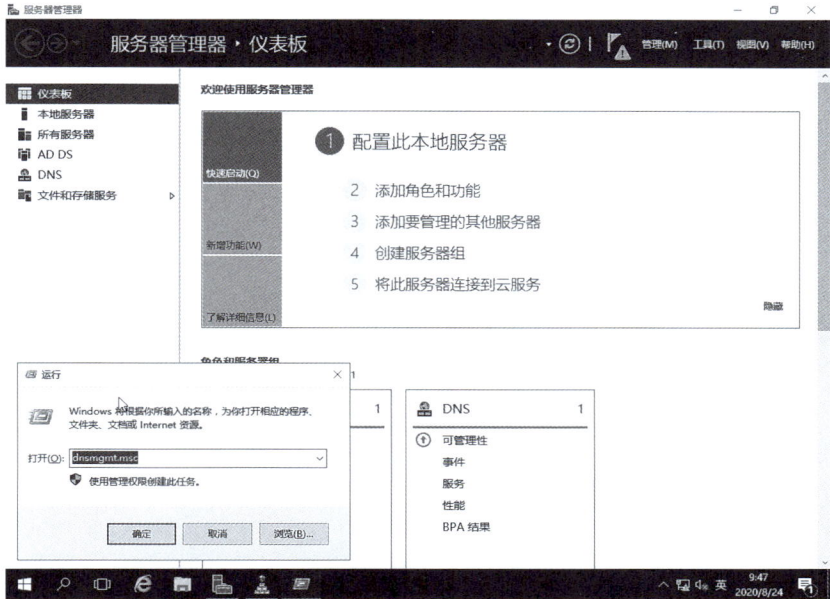

图2-10

在"DNS"窗口，右击，选择"新建区域"，如图2-11所示。

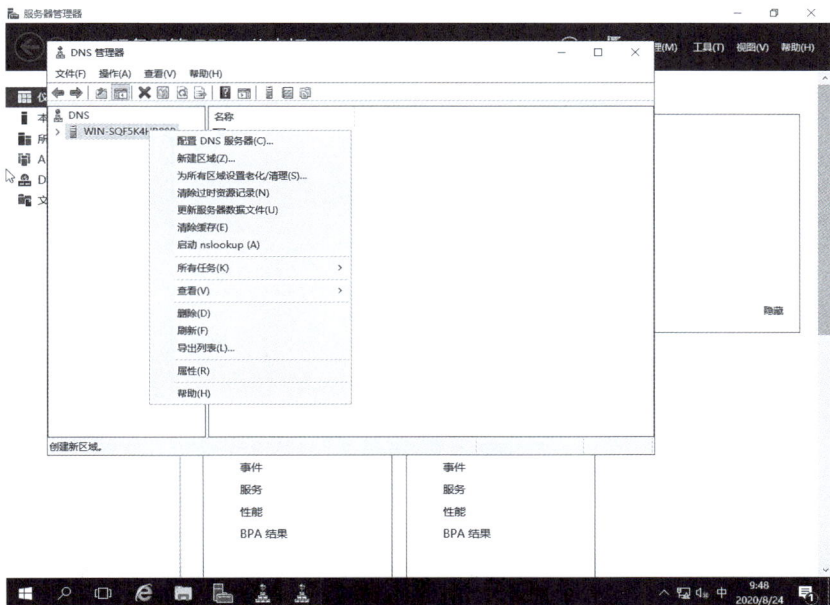

图2-11

在"新建区域向导"窗口点击"下一步"，如图2-12所示。

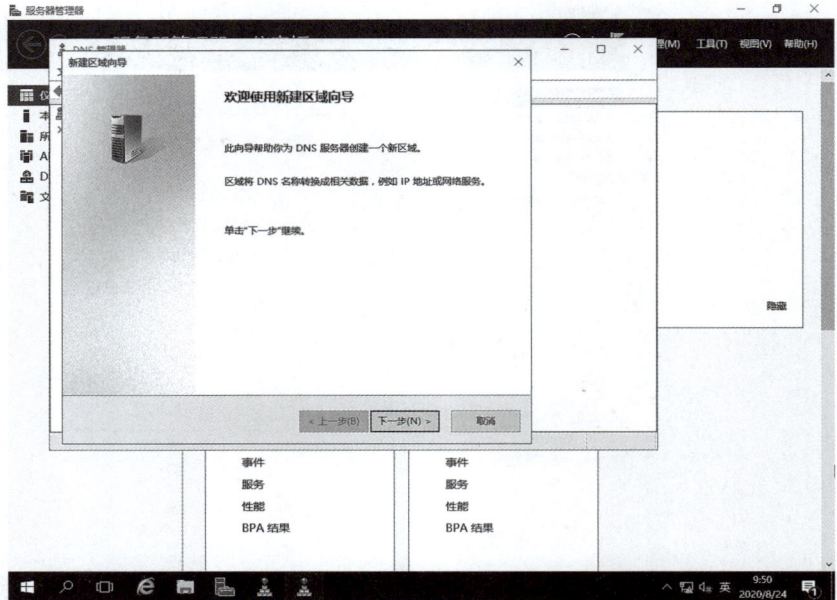

图2-12

在"区域类型"窗口，选择"主要区域"，点击"下一步"，如图2-13、图2-14所示。

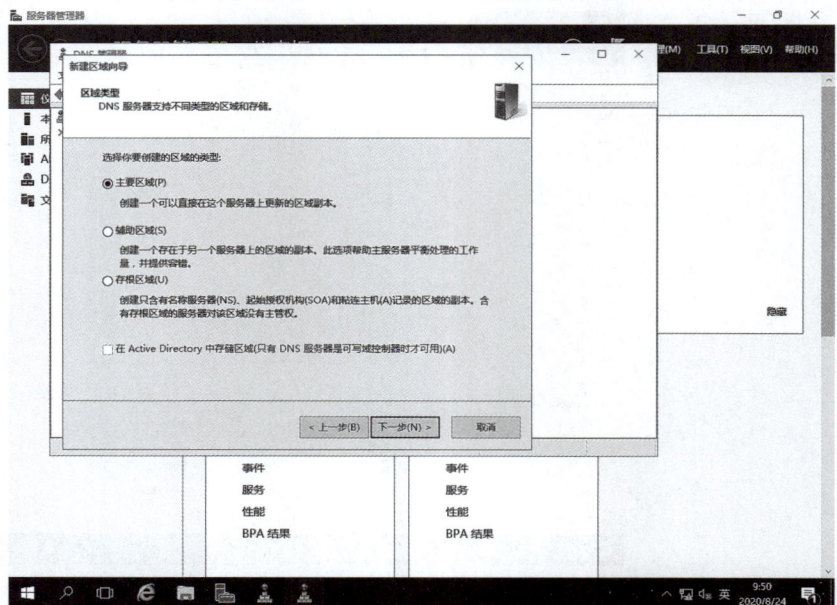

图2-13

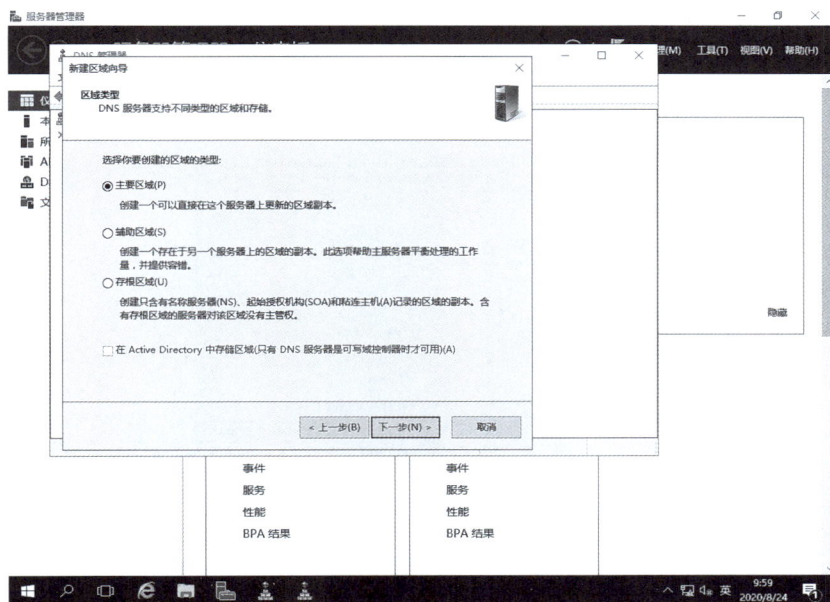

图 2-14

在"正向或反向查找区域"窗口，选择"正向查找区域"，点击"下一步"，如图 2-15 所示。

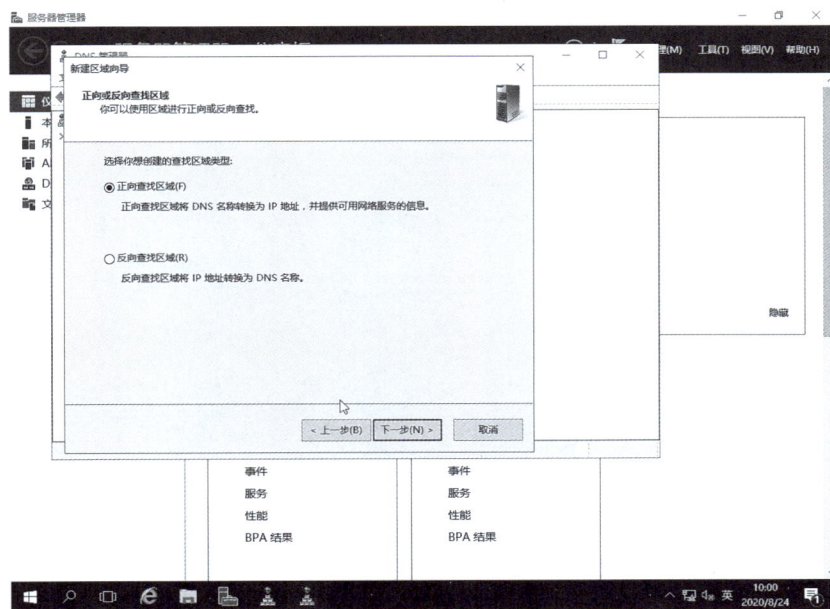

图 2-15

在"区域名称"窗口的"区域名称"栏输入"contoso.com"，点击"下一步"，如图 2-16 所示。

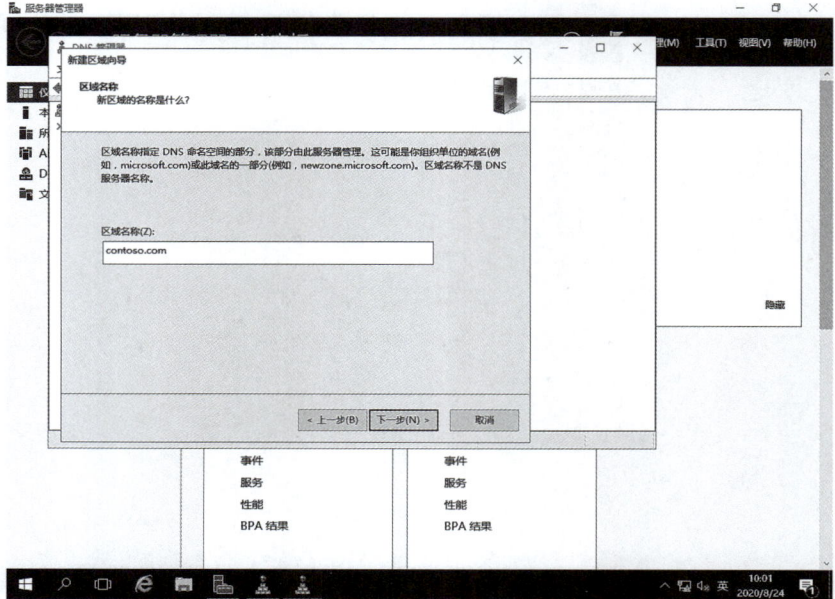

图2-16

在"区域文件"窗口，点击"下一步"，如图2-17所示。

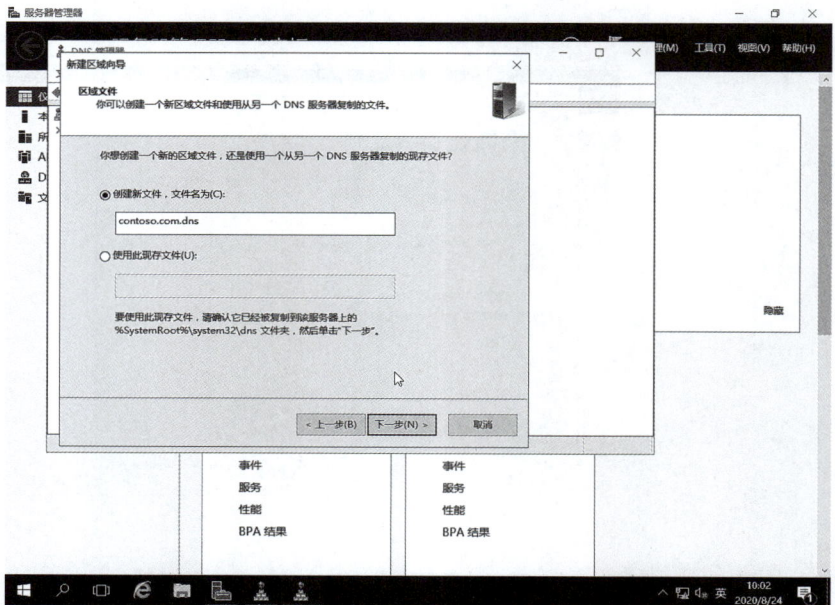

图2-17

在"动态更新"窗口，点击"下一步"，如图2-18所示。

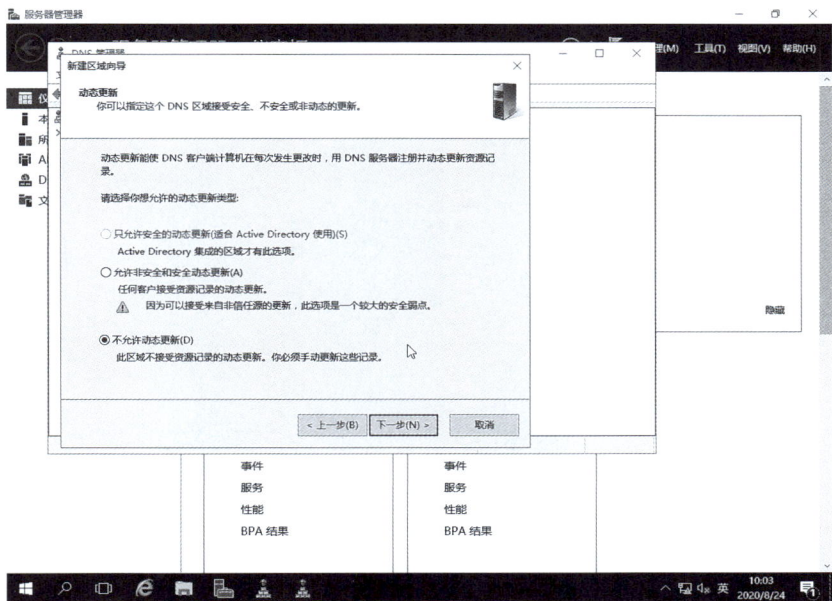

图2-18

　　在"DNS管理器"窗口，点击"正向查找区域"，查看已经创建好的"contoso.com"，如图2-19所示。

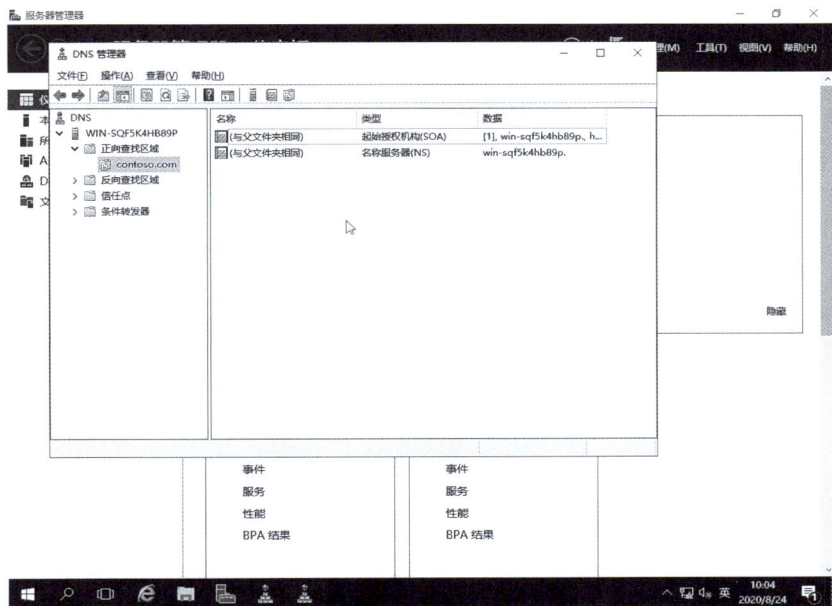

图2-19

　　选择"contoso.com"，点击右键，选择"新建主机"，如图2-20所示。

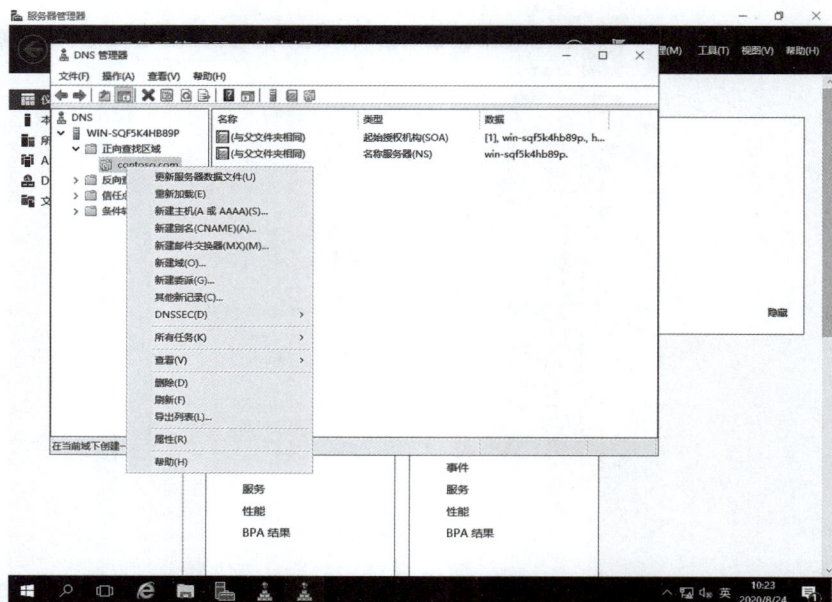

图2-20

在"新建主机"窗口输入信息，点击"添加主机"，如图2-21所示。

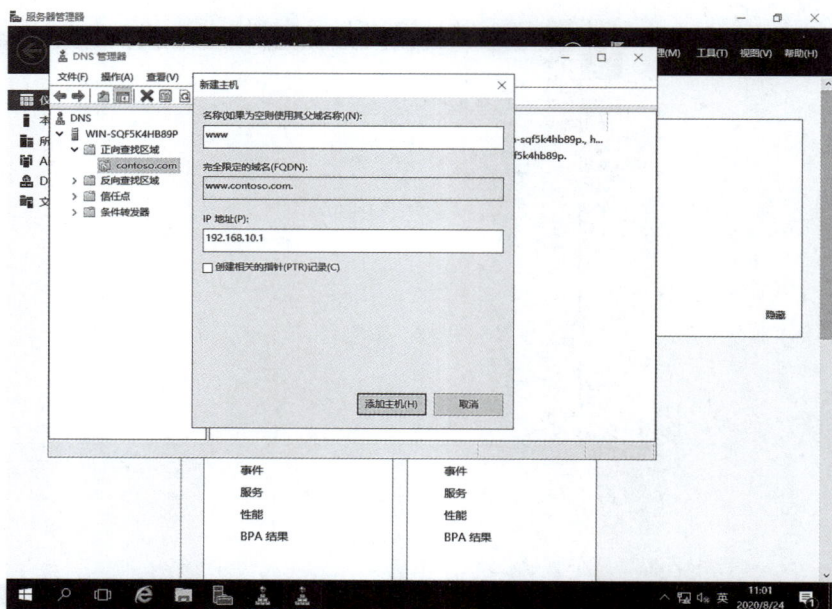

图2-21

完成记录添加后，打开cmd，使用nslookup工具进行功能测试，如图2-22所示。

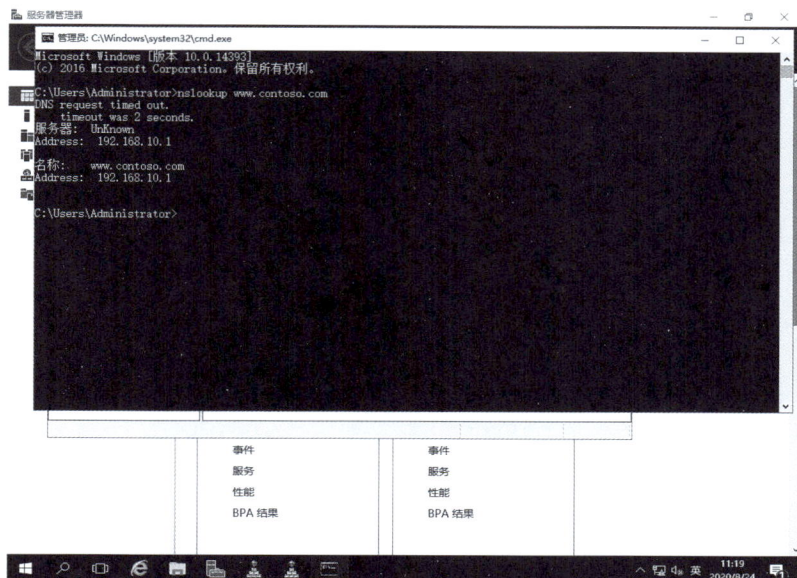

图2-22

2.3.8　DNS泛域名解析

DNS"泛域名解析"是指利用通配符"*"来作次级域名以实现所有的次级域名均指向同一IP地址。DNS轮询负载，在Windows Server 2016配置的方法如下：打开DNS服务器管理器，如图2-23所示。

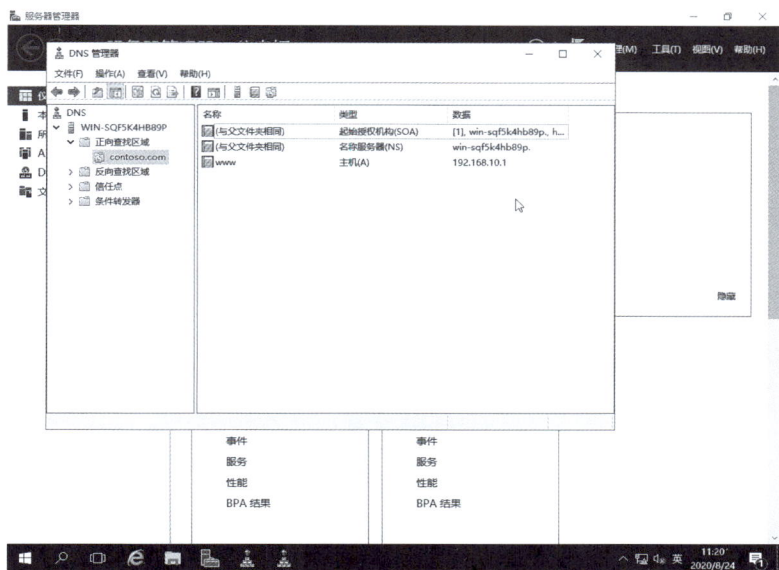

图2-23

2.4　任务练习

通过DNS解析器、根域名服务器、域名解析的工作原理与过程、DNS服务的配置等内容的学习，读者对DNS服务有了进一步的了解，请完成以下练习并撰写实验报告。

（1）安装一台Windows Server 2016、一台Windows 10，在Windows Server 2016启用DNS服务器，创建域名"contoso.com"在Windows Server 2016，并且添加主机记录"WWW"，解析到Windows Server 2016，创建对应的反向记录。

（2）在Windows Server 2016启用DNS服务器，配置此服务器使用泛解析功能。

2.5　任务总结与拓展

本任务介绍了DNS的工作过程以及配置过程，在实际场景中，DNS的使用途径非常广泛，除了基本的DNS应用场景外，还有一些拓展的DNS应用场景，比如基于地域的DNS解析、基于时间的DNS解析。

在Windows Server 2016的DNS服务中，了解如何去配置DNS策略以应对拓展的DNS场景。

任务

3

Windows Server 2016
活动目录域服务

3.1 任务目标

① 阅读任务书，明确任务内容，完成任务练习。
② 建议将实验设置为使用 VMware Workstation 或 VirtualBox 虚拟机的形式进行实验。
③ 掌握 Windows Server 2016 活动目录域服务的概念与域控制器的概念。
④ 掌握 Windows Server 2016 活动目录域服务的安装过程。
⑤ 掌握 Windows Server 2016 活动目录域服务的基本管理。

3.2 任务分析

　　某小型企业现有 200 台计算机设备，因现在勒索病毒流行，公司需要统一给所有计算机设备更新补丁，但是因为这 200 台计算机都属于工

作环境，在独立的网络环境中，修复补丁是一个很头疼的事情，并且
该公司目前员工超过300名，他们并没有统一的用户账户管理，导致计
算机维护成本大大提高，现在我们使用"活动目录域服务"对其进行
改善。

在环境中，将一台服务器提升为域控制器，并且将其余计算机加入
活动目录域服务中，通过活动目录域服务的组策略进行补丁修正，并且
对300名用户进行统一账户管理，节省计算机维护成本。

3.3   任务学习

3.3.1   AD DS架构设计

可以使用 Windows Server 2016中的活动目录（Active Directo-
ry）域服务（AD DS）来简化用户和资源管理，同时创建可扩展、安全
和可管理的基础架构。用户可以使用 AD DS 管理网络基础结构，包括
分支机构、Microsoft Exchange Server和多个林环境。

AD DS部署项目涉及三个阶段：设计阶段、部署阶段和运营阶段。
在设计阶段，设计团队为 AD DS 逻辑结构创建一个设计，该设计最能
满足组织中将使用目录服务的每个部门的需求。设计获得批准后，部署
团队在实验室环境中测试设计，然后在生产环境中实施设计。因为测试
是由部署团队执行的，它可能会影响设计阶段，所以它是一个与设计和
部署重叠的临时活动。部署完成后，运营团队负责维护目录服务。

3.3.2   活动目录域服务的解释

目录是存储有关网络上对象信息的层次结构。目录服务提供了存储
目录数据以及使此数据可供网络用户和管理员使用的方法。例如，AD
DS存储有关用户账户的信息，如名称、密码、电话号码等，并使同一
网络上的其他授权用户可以访问此信息。

活动目录存储有关网络上对象的信息，并让管理员和用户可以更容
易地使用这些信息。活动目录使用结构化数据存储作为目录信息的逻辑
层次组织的基础。

此数据存储（也称为目录）包含活动目录对象的相关信息。这些对象通常包含共享资源，如服务器、打印机、网络用户和计算机账户等。

通过登录身份验证和对目录中对象的访问控制，安全与活动目录集成。通过单一网络登录，管理员可以管理其整个网络中的目录数据和组织，获得授权的网络用户可以访问该网络上的任何资源。基于策略的管理简化了最复杂的网络的管理。

活动目录还包括：

（1）一组规则，即活动目录的架构，它定义目录中包含的对象和属性的类别、这些对象的实例的约束和限制及其名称的格式。

（2）包含有关目录中每个对象的信息的全局编录。其允许用户和管理员查找目录信息，而不考虑目录中的哪个域实际包含数据。

（3）全局编录为一种查询和索引机制，以便对象及其属性可由网络用户或应用程序发布和查找。

（4）跨网络分发目录数据的复制服务。域中的所有域控制器均参与复制，并包含其域的所有目录信息的完整副本。对目录数据的任何更改均复制到域中的所有域控制器。

3.3.3　活动目录域服务的域控制器解释

在计算机上安装 Windows Server 时，可以选择为该计算机配置特定的服务器角色。当用户想要在现有域中创建新林、新域或其他域控制器时，可以通过安装 AD DS 为服务器配置域控制器角色。

默认情况下，域控制器存储一个域目录分区，该分区由有关其所在域的信息以及整个林的架构和配置目录分区组成。运行 Windows Server 2016、Windows Server 2012 或 Windows Server 2008R2 的域控制器也可以存储一个或多个应用程序目录分区。还有专门的域控制器角色在 AD DS 环境中执行特定功能。这些专门的角色包括全局编录服务器和操作主机。每个域控制器都存储它所在域的对象。但是，指定为全局编录服务器的域控制器存储来自林中所有域的对象。对于不在全局编录服务器作为域控制器授权的域中的每个对象，有限的属性集存储在域的部分副本中。因此，全局编录服务器存储自己的完整、可写域副本（所有对象和所有属性）以及林中所有其他域的部分只读副本。全局编录由 AD DS 复制系统自动构建和更新。复制到全局编录服务器的对象属性是最有可能用于在 AD DS 中搜索对象的属性。复制到全局编录的属性在架构中标识为部分属性集（PAS），默认情况下由 Microsoft 定义。但是，为了优化搜索，用户可以通过添加或删除存储在全局目录中的属性来编辑架构。

全局编录使客户端可以搜索 AD DS，而不必在服务器之间引用，直到找到具有存储所请求对象的域目录分区的域控制器。默认情况下，AD DS 搜索定向到全局编录服务器。

林中的第一个域控制器自动创建为全局编录服务器。此后，如果需要，用户可以将其他域控制器指定为全局编录服务器。

拥有操作主机角色的域控制器被指定执行特定任务以确保一致性并消除活动目录数据库中条目冲突的可能性。AD DS 定义了五个操作主机角色：架构主机、域命名主机、相对标识符（RID）主机、主域控制器（PDC）模拟器和基础结构主机。

3.3.4　活动目录域服务的林解释

活动目录林是具有不同名称空间或根的多个域树的集合。这意味着林包含许多不共享公共名称空间的域树，或者更多的是没有相同的父域。

但是，对于林中的所有域树，都有一个共同的配置和全局目录。林中的域树之间也存在传递信任关系，林不需要特定的名称。林中的域树形成了信任等级或层次结构，这种信任是相互可传递的。

3.3.5　对象与容器和组织单位解释

AD DS 里面的所有资源都是以对象存在，比如用户、计算机、打印机，皆为对象。对象是多种属性的集合。

容器与对象类似，也是多种属性的集合，但是容器可以容纳或者包含其他对象，比如容器里面往往会存储着计算机、用户对象。组织单位可以看作是一种特殊的容器，它除了可以包含其他对象和组织单位之外，还可以应用一些特殊功能。

3.3.6　活动目录域服务的安装与配置

在本案例中，使用 VMware Workstation 软件将 Windows Server 2016 虚拟化演示活动目录域服务的安装，参见图 1-2。

登录 Windows Server 2016 系统后，在自动弹出"服务器管理器"窗口选择"添加角色和功能"，参见图 2-3。

在"选择服务器角色"窗口选择"Active Directory 域服务"，点击"下一步"，如图 3-1 所示。

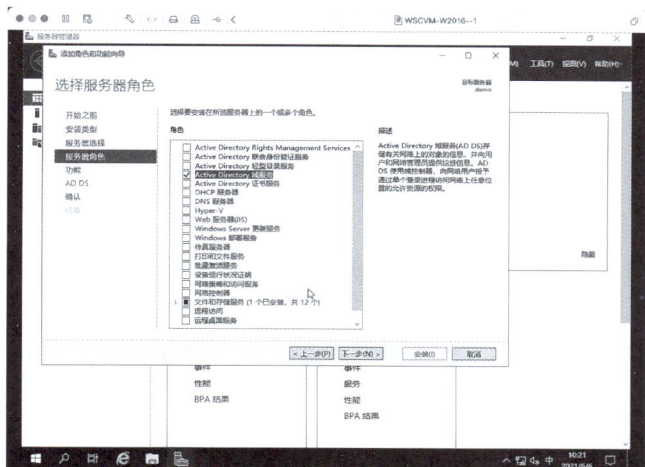

图 3-1

在"确认安装所选内容"窗口，最后确认一遍信息，点击"安装"，如图 3-2 所示。

图 3-2

等待安装完成，如图3-3、图3-4所示。

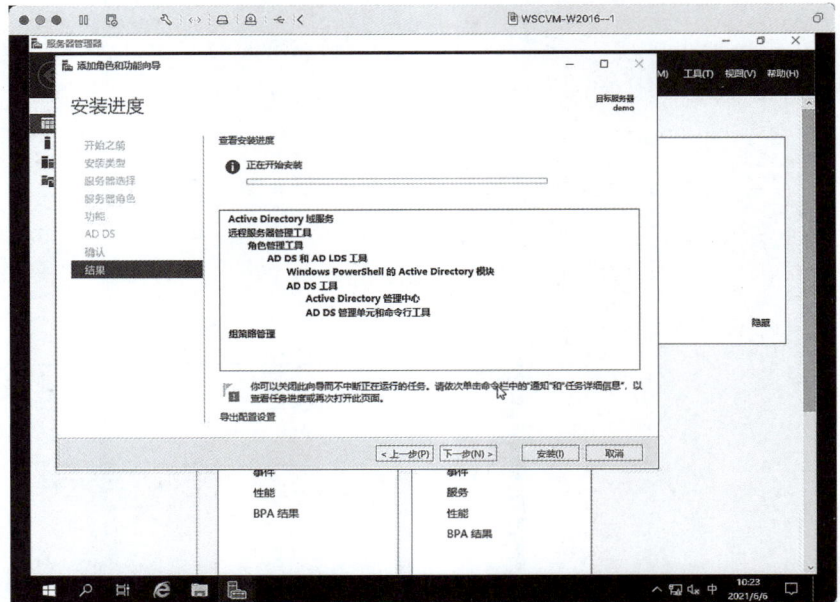

图3-3

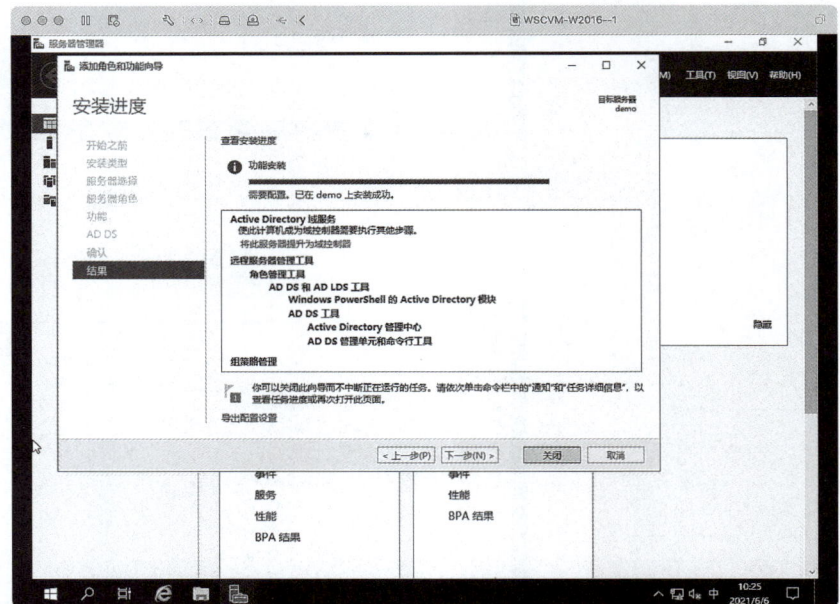

图3-4

在"安装进度"窗口，点击"将此服务器提升为域控制器"，进行
服务器到域控制器的提升，如图3-5所示。

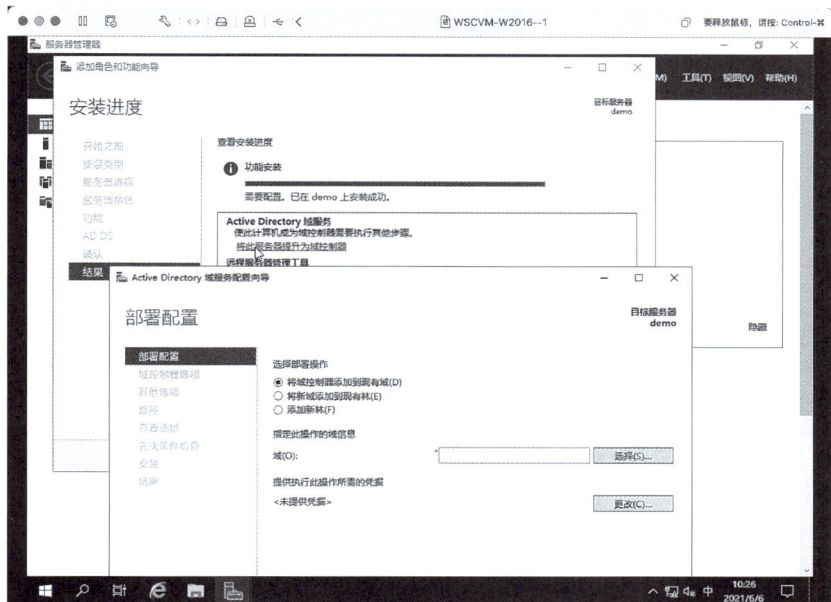

图3-5

在"Active Directory域服务配置向导"窗口，选择"添加新林"，并在"根域名"输入框输入对应的新林名称，案例中使用"CONTO-SO.COM"作为新林名称，此域名将是这个环境中的第一个域控制器，点击"下一步"，如图3-6所示。

图3-6

在"域控制器选项"窗口，林、域功能级别均选择"Windows Server 2016"，并且勾选"域名系统（DNS）服务器"，键入DSRM密码，点击"下一步"，如图3-7所示。

图3-7

在"其他选项"窗口，关于"NetBIOS域名"的值，保持默认，点击"下一步"，如图3-8所示。

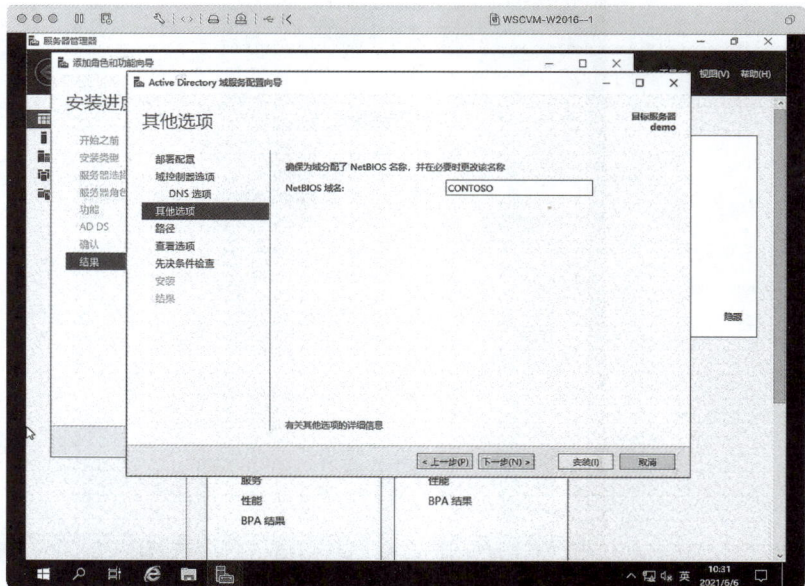

图3-8

在"先决条件检查"窗口，等待系统对 Windows Server 2016进行域控制器安装前检查，如图3-9所示。

图3-9

"先决条件检查"通过后，点击"安装"，如图3-10所示。

图3-10

安装进程结束后，系统将提示重启，等待系统自动重启，如图3-11所示。

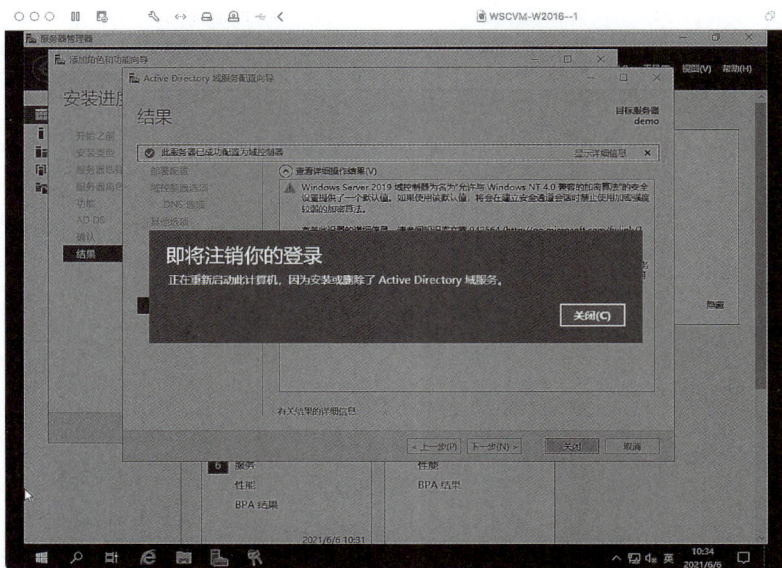

图3-11

重启完毕，登录系统，在"运行"窗口，输入"dsa.msc"，打开"Active Directory 用户和计算机"，现在该系统已提升为"域控制器"，如图3-12所示。

图3-12

3.3.7　活动目录域服务的基本管理

所有关于活动目录域中的用户和计算机管理都可以在"Active Directory用户和计算机"窗口完成，在"运行"窗口，输入"dsa.msc"即可打开。

在本案例中，简单演示创建新用户，双击"CONTOSO.COM"，在子选项中选中"Users"，右击选择"新建→用户"，如图3-13所示。

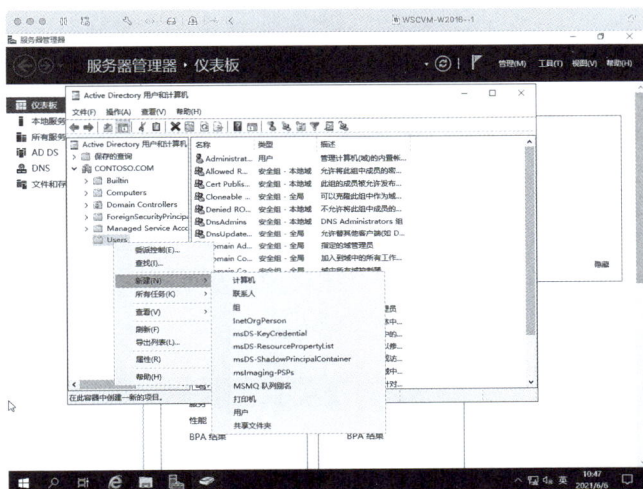

图3-13

在"新建对象-用户"窗口输入相关用户信息，点击"下一步"，如图3-14所示。

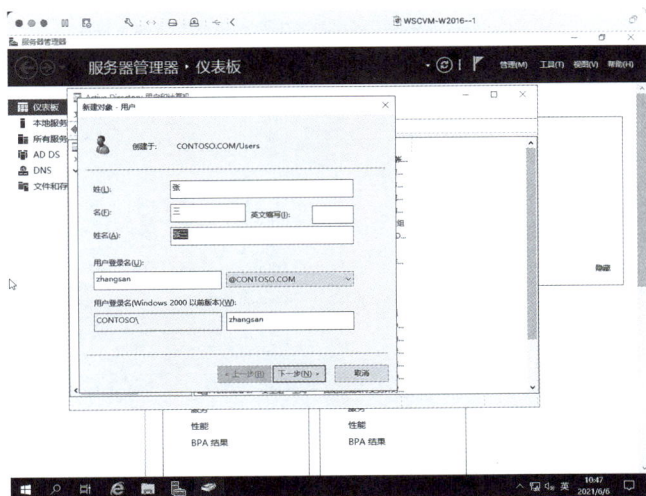

图3-14

在"新建对象－用户"窗口输入密码，该密码必须符合密码复杂度要求，点击"下一步"，如图3-15所示。

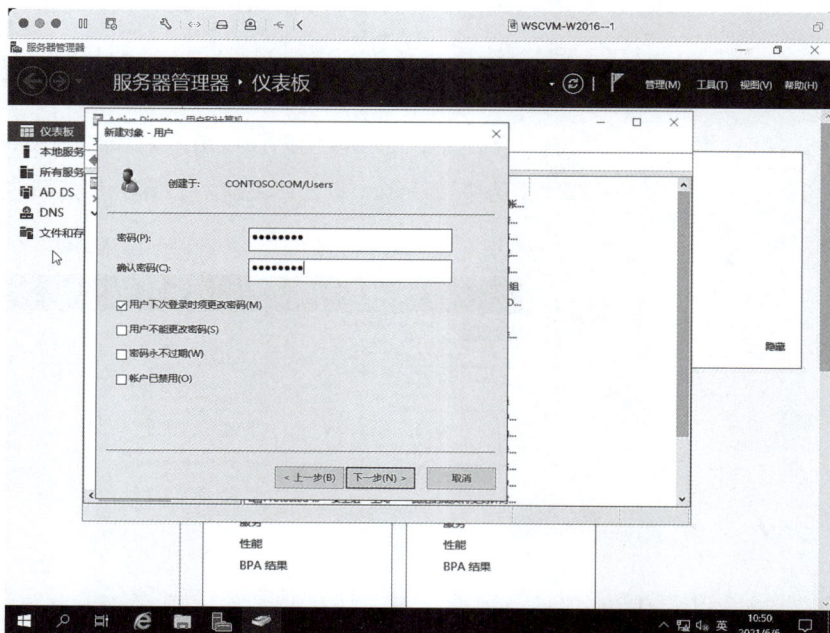

图3-15

即可完成将用户创建在Users容器中，如图3-16所示。

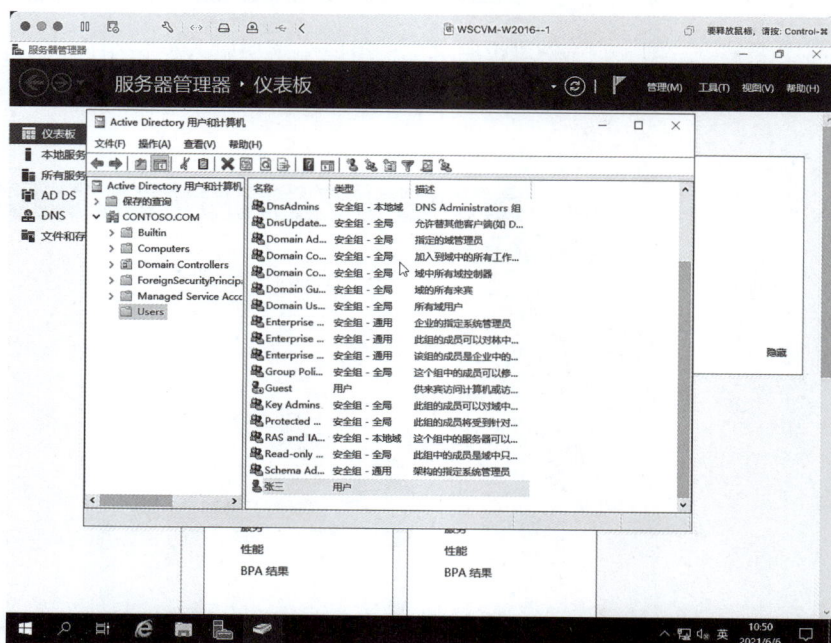

图3-16

3.4　任务练习

通过任务学习中的活动目录域服务概念与域控制器概念的学习、活动目录域服务的安装配置、简单的活动目录域用户管理，读者对活动目录服务有了进一步的了解，仅依靠案例演示的例子还远远不够，请完成以下练习并撰写实验报告。

（1）安装一台 Windows Server 2016、一台 Windows10，在 Windows Server 2016 安装配置活动目录域服务，域名为 "contoso.com"，并且创建 10 个用户账户，设定密码不需要使用复杂的密码，设定密码为 "123456"。

（2）在活动目录域 "contoso.com"，创建两个组，分别是 its 组和 sales 组，配置颗粒化密码策略，its 组需要使用复杂的密码（符合密码复杂度），sales 组允许使用空密码，并且将练习（1）的 Windows10 加入 contoso.com 域。

（3）模拟设计一个公司 AD 架构，公司名字为 "Test Company"，总部在北京，分部分别在上海、广州。此公司只想使用一个域，域名为 "test.Domain"，请结合实际设计公司的 AD 拓扑并且予以实现。

（4）现有一个 AD 域，名为 "TEST.domain"，现在需要在非洲新增分支机构，成立部门 Africa-Sales，AS001~AS100 这 100 个用户隶属于 Africa-Sales 组，他们 100 个人常驻非洲分公司，由于技术支持有限，非洲分部没有很完善的安全设施，请设计拓扑实现分支机构的用户管理，需要注意的是，公司总部并不想使用 administrator 用于非洲分公司的日常管理，由于网络管理限制，非洲分公司的网络并不稳定，并且时常会与总部公司失联。请设计解决方案，并且记录解决方案从设计到实施的全过程。

3.5　任务总结与拓展

本任务介绍了活动目录域服务，在实际场景中，活动目录域服务作为基础设施服务在公司内部网络运行，依赖活动目录域服务的架构以及可用性，计算机管理员可以非常有效地管理多台服务器与客户端。例如，可以在现有的活动目录域服务中，统一所有计算机的桌面壁纸，统一安装Office软件等操作，而不需要在每台计算机上单独配置，读者可以拓展一下思维，进行这方面的探索。

任务

4

Windows Server 2016
活动目录证书服务

4.1 任务目标

1. 阅读任务书，明确任务内容，完成任务练习。
2. 建议将实验设置为使用 VMware Workstation 或 VirtualBox 虚拟机的形式进行实验。
3. 掌握活动目录服务的相关概念。
4. 掌握活动目录证书服务的配置过程。
5. 掌握活动目录证书服务的安装方法。
6. 撰写关于 Windows Server 2016 活动目录证书服务的实验报告。

4.2 任务分析

对于 Contoso.com 公司的业务，现需求安全套接层（SSL 协议），所以需要在活动目录域中进行配置 Windows 证书服务，Windows

Server 2016自带了Windows证书服务，服务名称是"Windows活动目录证书服务"，将服务器配置提升为"证书颁发机构"，向所需使用SSL的计算机，颁发计算机证书。

4.3　任务学习

4.3.1　PKI解释

公钥基础设施（PKI）是创建、管理、分发、使用、存储和撤销数字证书以及管理公钥加密所需的一组角色、策略、硬件、软件和程序。PKI的目的是为电子商务、网上银行和机密电子邮件等一系列网络活动保证信息的安全电子传输。对于简单密码不足以进行身份验证的活动，需要更严格的证据来确认通信参与方的身份并验证正在传输的信息。

在密码学中，PKI是一种将公钥与实体（如人和组织）的相应身份绑定的安排。绑定是通过在证书颁发机构（CA）处以及由CA注册和颁发证书的过程来建立的。根据绑定的保证级别，这可以通过自动化过程或在人工监督下执行。当通过网络完成时，这需要使用安全的证书注册或证书管理协议，例如证书管理协议（CMP）。

可以由CA委派以确保有效和正确注册的PKI角色称为"注册机构（RA）"。RA负责接受数字证书请求并验证提出请求的实体。互联网工程任务组的RFC 3647将RA定义为"负责以下一项或多项功能的实体：证书申请人的识别和认证、证书申请的批准或拒绝、在某些情况下发起证书撤销或暂停、处理订户撤销或暂停其证书的请求，以及批准或拒绝订户更新或重新加密其证书的请求。但是，RA不签署或颁发证书（RA代表CA被委派某些任务）"。虽然Microsoft可能将下属CA称为"RA"，但根据X.509 PKI标准，这是不正确的。RA没有CA的签名权限，只管理证书的审查和供应。因此，在Microsoft PKI案例中，RA功能由Microsoft证书服务网站或通过活动目录（Active Directory）提供证书服务，通过证书模板强制执行Microsoft Enterprise CA和证书策略并管理证书注册（手动或自动注册）。在Microsoft独立CA的情况下，RA的功能不存在，因为控制CA的所有过程都基于与托管CA的系统和CA本身相关的管理和访问过程，而不是活动目录。大多数非

Microsoft 商业 PKI 解决方案都提供独立的 RA 组件。

一个实体必须在每个 CA 域内基于该实体的信息是唯一可识别的。第三方验证机构（VA）可以代表 CA 提供此实体信息。

证书实际上就是对 PKI 系统的引用，经过证书加密的通信之所以安全，是 PKI 设计的功劳。

4.3.2　SSL 协议与 TLS 解释

传输层安全性（Transport Layer Security，TLS）是现已弃用的安全套接层（Secure Socket Layer，SSL）的继承者，是一种加密协议，旨在通过计算机网络提供通信安全性。该协议广泛用于电子邮件、即时消息和 IP 语音等应用程序中，但它在保护 HTTPS 方面的使用仍然是最公开可见的。

TLS 协议旨在通过使用证书在两个或多个通信计算机应用程序之间提供加密，包括隐私（机密性）性、完整性和真实性。它运行在应用层，本身由两层组成：TLS 记录和 TLS 握手协议。

TLS 是一项提议的网络工程任务组（IETF）标准，于 1999 年首次定义，当前版本是 TLS 1.3，于 2018 年 8 月定义。TLS 建立在由网景通信公司（Netscape Communications Corporation）开发的早期 SSL 规范（1994、1995、1996）之上，用于将 HTTPS 协议添加到他们的 Navigator Web 浏览器。

4.3.3　活动目录证书服务介绍

活动目录证书服务（AD CS）建立本地公钥基础结构。它可以为组织内部使用创建、验证和撤销公钥证书。这些证书可用于加密文件（与 Encrypting File System 一起使用时）、电子邮件［根据多用途网际邮件扩充协议（S/MIME）标准］和网络流量（当用于虚拟专用网络、传输层安全协议或 IPSec 协议时）。

4.3.4　活动目录证书服务的安装

在本案例中，使用 VMware Workstation 软件将 Windows Server

2016虚拟化演示DHCP服务的安装，参见图1-2。

在"服务器管理器"窗口点击"管理"，选择"添加角色和功能"，参见图2-3。

在"选择服务器角色"窗口选择"Active Directory证书服务"，点击"下一步"，如图4-1所示。

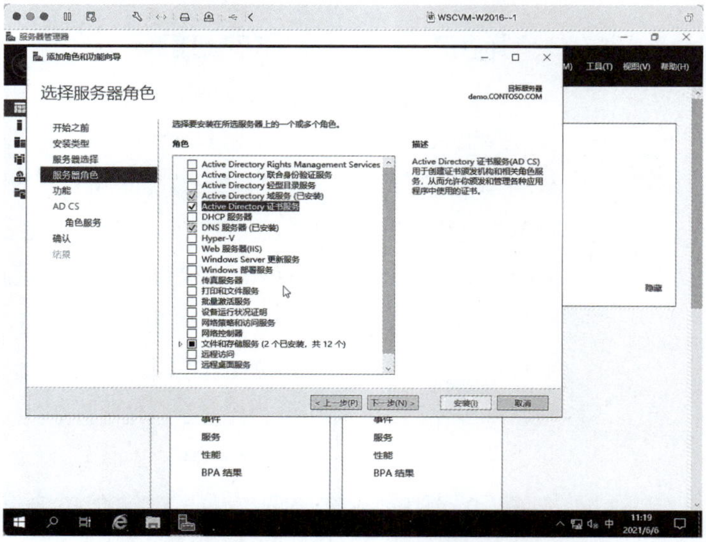

图4-1

在"选择角色服务"窗口点击"证书颁发机构"，点击"下一步"，如图4-2所示。

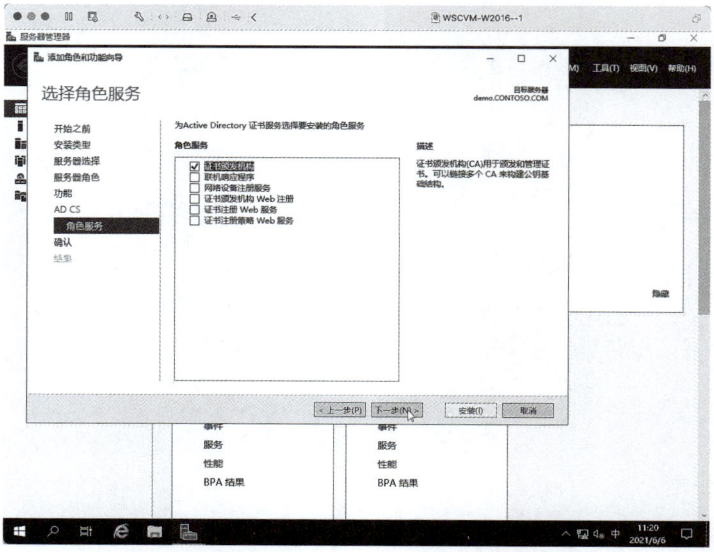

图4-2

在"确认安装所选内容"窗口点击"安装",如图4-3所示。

图4-3

等待活动目录证书服务的安装,如图4-4所示。

图4-4

安装完毕，在"安装进度"窗口点击"配置目标服务器上的Active Directory证书服务"，提升当前服务器为"证书颁发机构"，如图4-5所示。

图4-5

在"AD CS 配置"界面点击"凭据"，"凭据"保持默认"CONTOSO\Administrator"，点击"下一步"，如图4-6所示。

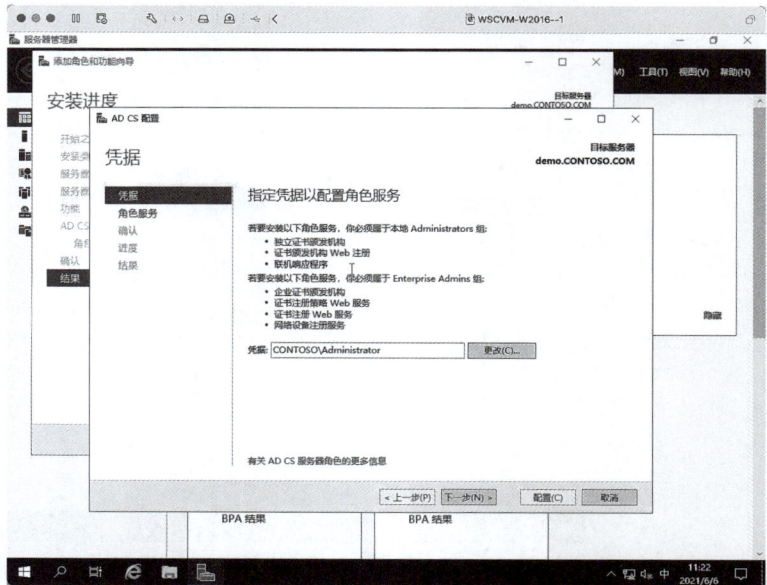

图4-6

在"角色服务"窗口勾选"证书颁发机构",点击"下一步",如图4-7所示。

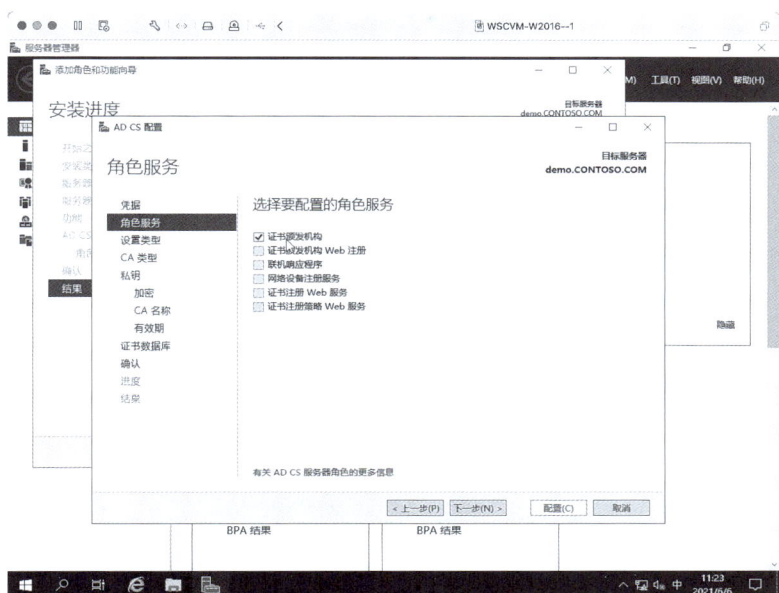

图4-7

在"设置类型"窗口选择"企业CA"或者"独立CA",需要注意的是"企业CA"是需要先将服务器加入活动目录域服务中,此案例的服务器已加入活动目录域服务,点击"下一步",如图4-8所示。

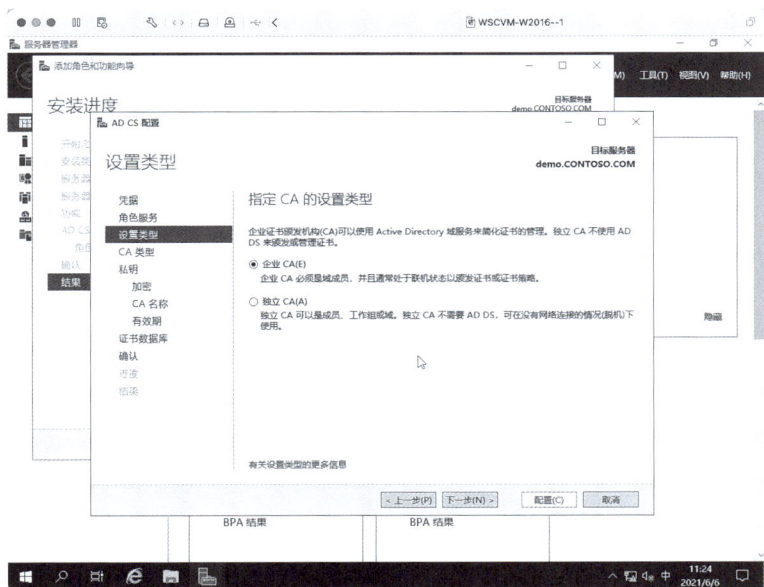

图4-8

在"CA 类型"窗口选择"根CA",因为该服务器是第一台"证书颁发机构",如图4-9所示。

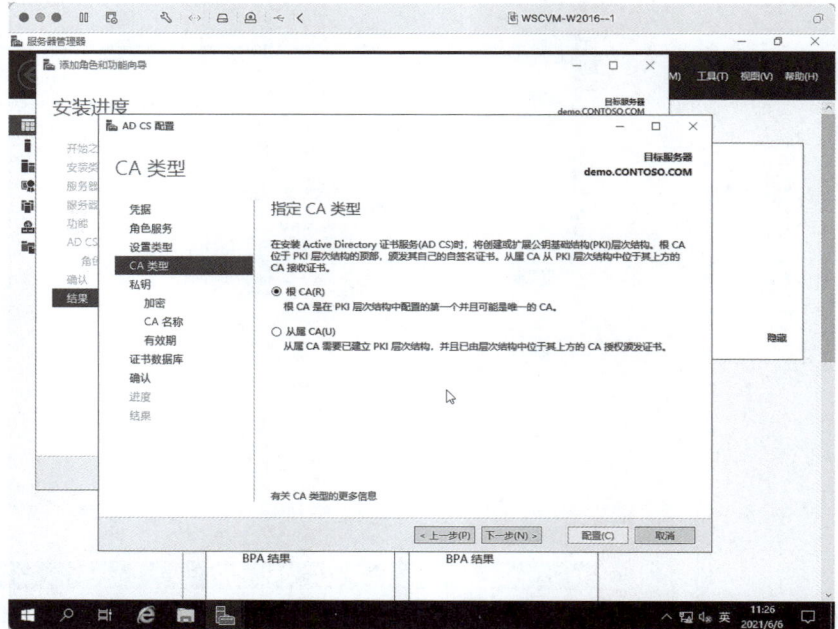

图4-9

在"CA名称"窗口输入CA的相关信息,如图4-10所示。

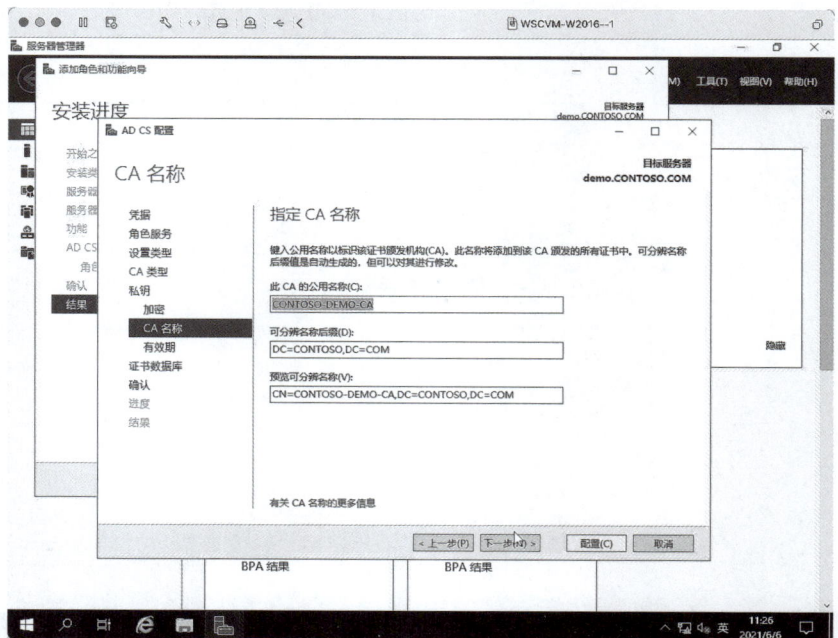

图4-10

在"确认"窗口确认"Acitve Directory 证书服务"的信息，点击"配置"，如图 4-11 所示。

图 4-11

配置完毕，如图 4-12 所示。

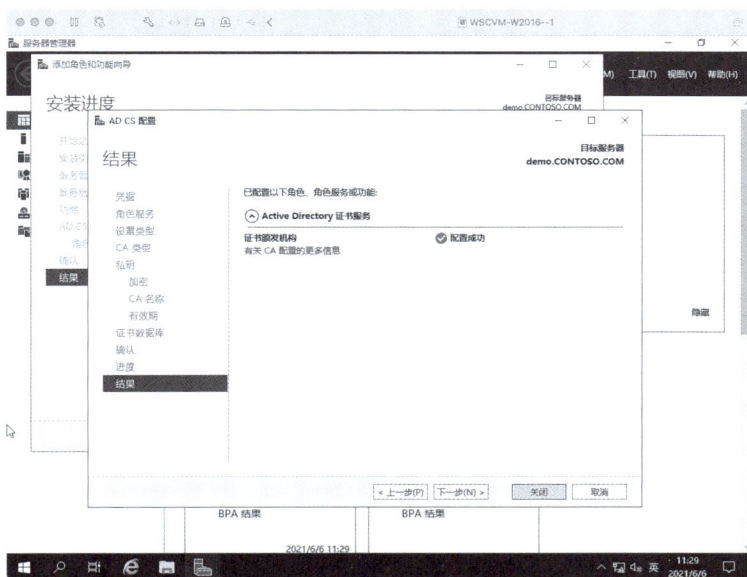

图 4-12

在"运行"窗口，输入"Certsrv.msc"，打开证书颁发机构，如图 4-13 所示。

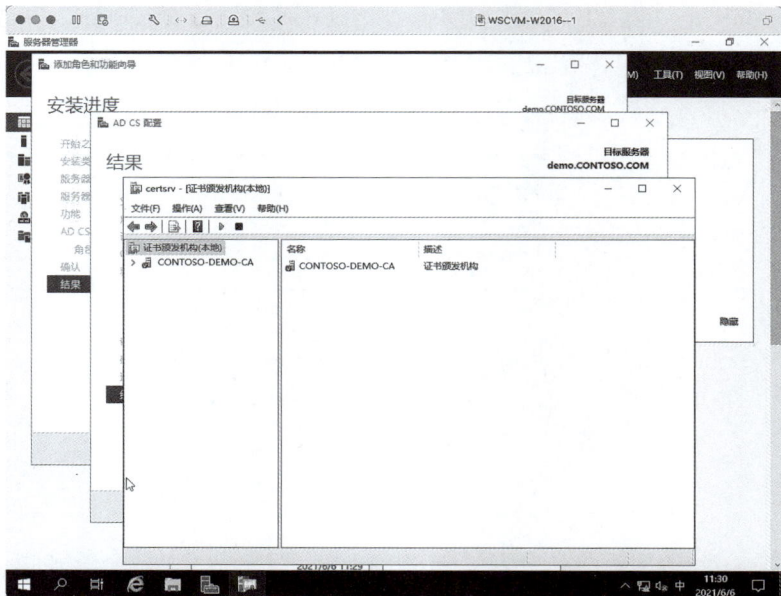

图 4-13

4.4　任务练习

　　通过任务学习部分对 PKI 概念、SSL 与 TLS 的解读，活动目录证书服务的配置，现在读者对活动目录证书服务有了进一步的了解，请完成以下练习并撰写实验报告。

　　（1）安装一台 Windows Server 2016、一台 Windows10，在 Windows Server 2016 安装企业 CA 与 IIS，并且创建对应的 WEB 服务器模板，公用名为 "www.contoso.com" 的计算机证书用于 IIS 站点。

　　（2）结合活动目录域服务，配置企业 CA 配合活动目录域服务的组策略，给每个新登录的用户注册一张用户证书。

4.5　任务总结与拓展

　　本任务介绍了活动目录证书服务，并且可以通过安装这个角色在 Windows 服务器上，创建相关证书用于 SSL 环境中，请思考一下如何创建自己所需要的证书模板，有一些预设置了的证书模板都在 Certsrv.msc 的 "证书模板" 选项卡里面进行定义。

任务

5

Windows Server 2016 Web 与 FTP 服务

5.1 任务目标

① 阅读任务书，明确任务内容，完成任务练习。

② 建议将实验设置为使用 VMware Workstation 或 VirtualBox 虚拟机的形式进行实验。

③ 掌握 IIS 服务器的概述。

④ 了解 IIS 服务器的 Web 部件。

⑤ 了解 IIS 服务器的 FTP 部件。

⑥ 搭建 IIS Web 服务。

⑦ 搭建 IIS FTP 服务。

⑧ 撰写关于 IIS 服务的实验报告。

5.2　任务分析

　　某小型企业需要对外提供一个网站服务，并且在网站服务的基础上设立FTP存储功能，Windows Server 2016带了互联网信息服务，这个服务可以搭建网站服务器，也可以搭建文件传输协议服务器，在本章节，我们一起来学习关于Internet Information Services服务的一些配置。

5.3　任务学习

5.3.1　HTTP协议解释

　　超文本传输协议（Hyper Text Transfer Protocol，HTTP）是网络协议套件模型中的一个应用层协议，用于分布式、协作、超媒体信息系统。HTTP是万维网数据通信的基础，其中超文本文档包括指向用户可以轻松访问的其他资源的超链接，例如，通过鼠标单击或在Web浏览器中点击屏幕。

　　HTTP的开发由万维网的蒂姆·伯纳斯·李（Tim Berners-Lee）于1989年发起，并在一份简单的文档中进行了总结，该文档描述了使用第一个名为"0.9"的HTTP协议版本的客户端和服务器。

　　HTTP协议的第一个版本很快就演变成一个更精细的版本，这是朝着遥远未来版本1.0的初稿。几年后，早期HTTP征求修正意见书（RFC）的开发开始了，由网络工程任务组（IETF）和万维网联盟（W3C）共同完成，后来工作转移到了国际互联网工程任务组（IETF）。HTTP/1于1996年创建完成并被完整记录（作为1.0版）。它在1997年发展（作为1.1版），然后1999年和2014年对其规范进行了更新。超过79%的网站使用其名为HTTPS的安全变体。HTTP/2是HTTP语义"在线"的更高效表达，于2015年发布，被超过46%的网站使用，现在几乎所有的Web浏览器（96%的用户）和使用"应用层"协议协商（ALPN）扩展的传输层安全（TLS）上的主要Web服务器都支持需要TLS 1.2或更新版本的地方。HTTP/3是HTTP/2的提议继任者，接近标准化，已被25%的网站使用；现在许多网络浏览器（73%的用户）都支持它。HTTP/3使用QUIC而不是TCP作为底层传输协议。与HTTP/2一样，它依然支持该协议的先前主要版本的使用。对HTTP/3的支持首先被添加到Cloudflare、谷歌浏览器（Google Chrome）与火狐浏览器（Firefox）中。

5.3.2　HTTPS协议解释

超文本传输安全协议（Hyper Text Transfer Protocol over Secure Socket Layer，HTTPS）是超文本传输协议（HTTP）的扩展。它用于计算机网络的安全通信，并在网络上广泛使用。在HTTPS中，通信协议使用传输层安全（TLS）或以前的安全套接层（SSL）加密。因此，该协议也称为"HTTP over TLS"或"HTTP over SSL"。

HTTPS的主要动机是对访问的网站进行身份验证，以及在传输过程中保护交换数据的隐私性和完整性。它可以防止中间人攻击，在客户端和服务器之间的通信双向加密可以防止通信被窃听和篡改。HTTPS的身份验证需要受信任的第三方签署服务器端数字证书，这在历史上是一项昂贵的操作，这意味着经过完全身份验证的HTTPS连接通常只能在万维网上的安全支付交易服务和其他安全公司信息系统上找到。2016年，电子前沿基金会在Web浏览器开发人员的支持下发起了一项活动，导致该协议变得更加流行。与最初的非安全HTTP相比，现在Web用户更常使用HTTPS，主要是为了保护所有类型网站上页面的真实性、账户的安全性，并保持用户通信、身份和网络浏览的私密性。

5.3.3　FTP协议解释

文件传输协议（File Transfer Protocol，FTP）是一种标准通信协议，用于将计算机文件从服务器传输到计算机网络上的客户端。FTP建立在客户端—服务器模型架构之上，在客户端和服务器之间使用单独的控制和数据连接。FTP用户可以使用明文登录协议对自己进行身份验证，通常采用用户名和密码的形式，但如果服务器配置允许，则可以匿名连接。为了保护用户名和密码以及加密内容的安全传输，FTP通常使用SSL/TLS（FTPS）或替换为SSH文件传输协议（SFTP）。

第一个FTP客户端应用程序是在操作系统具有图形用户界面之前

开发的命令行程序，并且仍然随大多数 Windows、Unix 和 Linux 操作系统一起提供。许多 FTP 客户端和自动化实用程序已经被开发用于台式机、服务器、移动设备和硬件，并且 FTP 已被整合到生产力应用程序中，例如 HTML 编辑器。

2021 年 1 月，对 FTP 协议的支持在 Google Chrome 88 中被禁用，在 Firefox 88.0 中也被禁用。2021 年 7 月，Firefox 90 完全删除了 FTP，谷歌也在 2021 年 10 月效仿，在 Google Chrome 95 中完全删除了 FTP。

5.3.4　IIS 服务的解释

网络信息服务（Internet Information Services，IIS，以前的网络信息服务器）是微软创建的用于 Windows NT 系列的可扩展 Web 服务器软件。IIS 支持 HTTP、HTTP/2、HTTPS、FTP、FTPS、SMTP 和 NNTP。自 Windows NT 4.0 以来，它一直是 Windows NT 家族的一个组成部分，尽管它可能在某些版本中不存在（例如 Windows 10 Home 版），并且默认情况下不活动。

5.3.5　IIS 服务的 Web

IIS Web 服务器功能现在都作为独立组件进行管理，用户可以轻松地添加、删除和替换这些组件。新版本的 IIS 10.0 与以前的 IIS 版本相比，具有几个关键优势：

（1）通过减少攻击面来保护服务器。减少表面积是保护服务器系统最有效的方法之一。使用 IIS，用户可以删除所有未使用的服务器功能，从而在保留应用程序功能的同时尽可能减少表面积。

（2）提高性能并减少内存占用。通过删除未使用的服务器功能，用户还可以减少服务器使用的内存量，并通过减少对应用程序的每个请求执行的功能代码量来提高性能。

（3）构建定制（专用）服务器。通过选择一组特定的服务器功能，用户可以构建针对在应用程序拓扑中执行特定功能（例如边缘缓存或负载平衡）进行优化的自定义服务器。用户可以使用基于新的可扩展性

API构建的自己的或第三方的服务器组件，添加自定义功能来扩展或替换任何现有功能。组件化的体系结构为IIS社区提供了长期的好处：它促进了新服务器功能的开发，因为它们在微软内部和第三方开发人员之间都是需要的。

IIS还通过应用程序池对IIS 6.0中引入的强大HTTP进程激活模型进行了组件化。HTTP进程激活模型不仅可用于Web应用程序，还可以通过任何协议接收请求或消息。此协议独立服务称为Windows进程激活服务（Windows Activation Service，WAS）。Windows通讯开发平台（Windows Communication Foundation，WCF）附带的协议适配器可以利用WAS的功能，从而提高WCF服务的可靠性和资源使用率。

5.3.6　IIS服务的FTP

微软为Windows Server® 2008及更高版本重写了FTP服务。这个更新的FTP服务包含许多新功能，使Web作者能够比以前更好地发布内容，并为Web管理员提供更多的安全性和部署选项。

（1）与IIS集成：IIS具有新的管理界面和配置存储，新的FTP服务与此设计紧密集成。旧的IIS 6.0元数据库已不复存在，取而代之的是基于 .NET 、基于XML的 *.config格式的更新配置存储。此外，IIS具有更新的管理工具，并且新的FTP服务器无缝插入该范例。

（2）支持新的网络标准：更新后的FTP服务器最重要的功能之一是支持基于SSL的FTP。FTP服务器还支持其他网络改进，例如UTF8和IPv6。

（3）共享托管改进：通过完全集成到IIS中，更新后的FTP服务器可以通过简单地将FTP绑定添加到现有网站来托管来自同一站点的FTP和Web内容。此外，FTP服务器支持虚拟主机名，可以在同一个IP地址上托管多个FTP站点。FTP服务器还改进了用户隔离，可以通过每个用户的虚拟目录来隔离用户。

（4）自定义身份验证提供程序：更新后的FTP服务器支持使用IIS管理器和 .NET成员身份的非Windows账户进行身份验证。

（5）改进的日志记录支持：FTP日志记录得到增强，包括所有与FTP相关的流量、FTP会话的唯一跟踪、FTP子状态、FTP日志中的其他详细信息字段等。

（6）新的可支持性功能：IIS可以选择为本地用户显示详细的错误消息，并且FTP服务器通过在本地登录到FTP服务器时提供详细的错误响应来支持这一点。FTP服务器还使用Windows事件跟踪（Event Tracing for Windows，ETW）记录详细信息，它为故障的排除提供更多详细信息。

（7）可扩展功能集：FTP支持可扩展性，允许扩展FTP服务附带的内置功能。更具体地说，支持创建用户自己的身份验证和授权提供程序。用户还可以为自定义FTP日志记录和确定FTP用户的主目录信息创建提供程序。

5.3.7 搭建IIS服务的Web站点

在本案例中，使用VMware Workstation软件将Windows Server 2016虚拟化进行演示IIS服务的安装，参见图1-2。

在"服务器管理器"窗口点击"管理"，点击"添加角色和功能"，参见图2-3。

在"选择服务器角色"窗口勾选"WEB服务器（IIS）"，点击"下一步"，如图5-1所示。

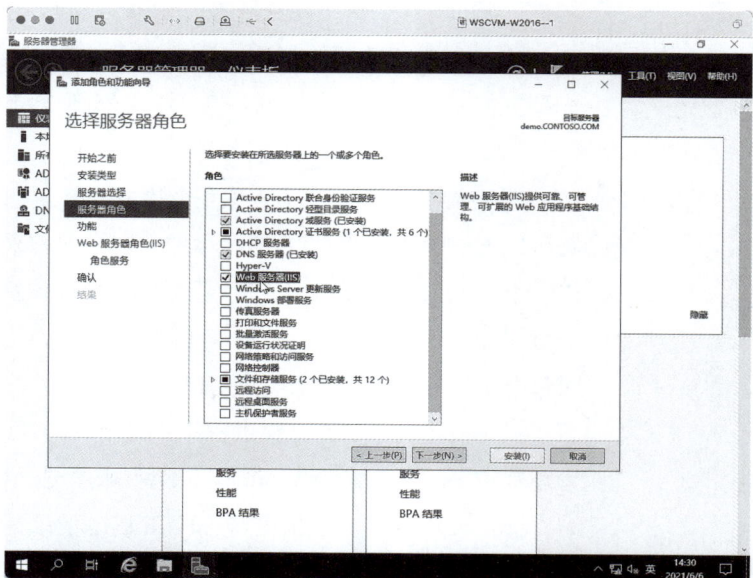

图5-1

在"选择角色服务"窗口勾选"FTP服务器",如图5-2所示。

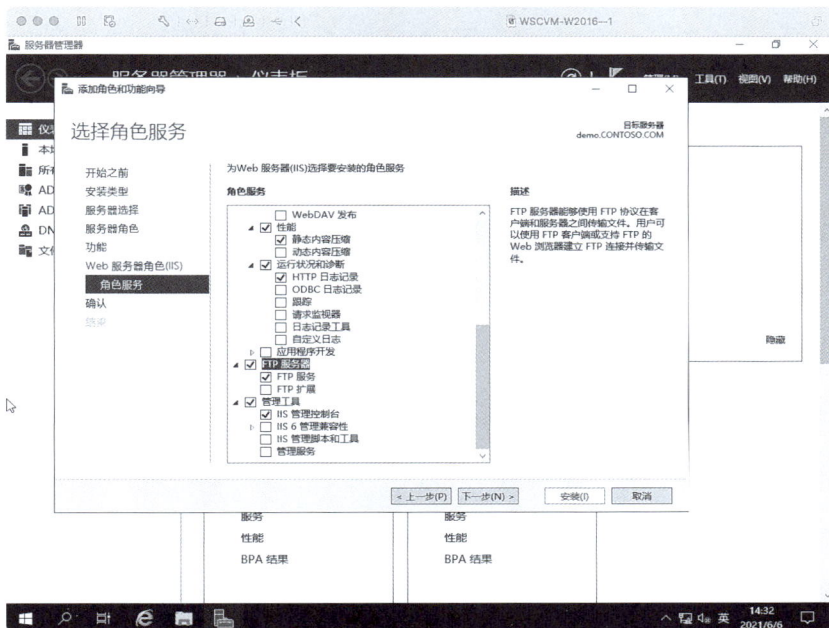

图5-2

在"确认安装所选内容"窗口点击"安装",如图5-3所示。

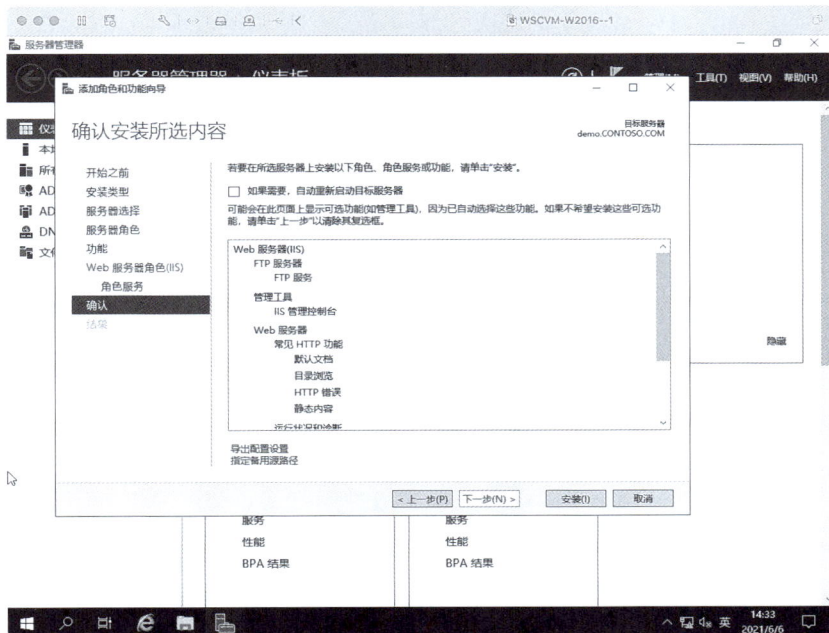

图5-3

安装完成后，在"运行"窗口输入"inetmgr"，进入 IIS 管理器，如图5-4所示。

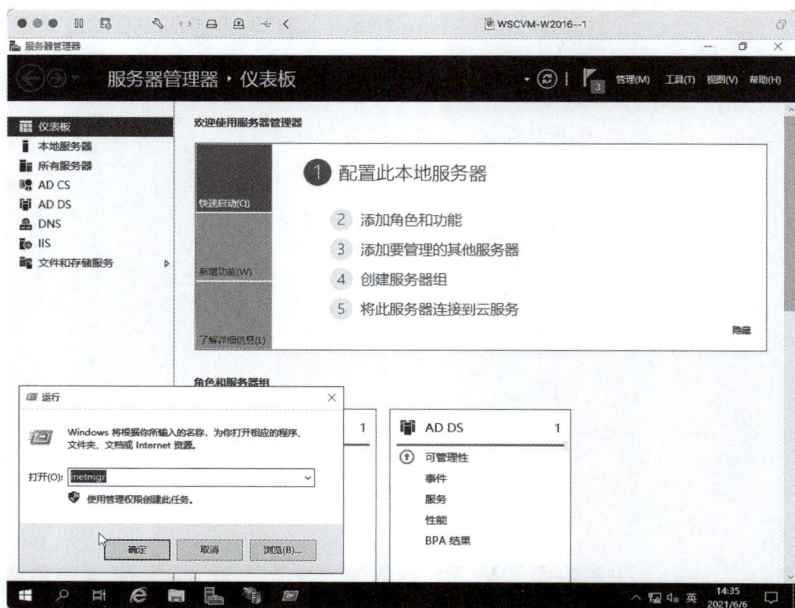

图5-4

在"IIS 管理器"窗口，默认会存在一个"Default Web Site"，这个站点是用户安装 IIS 后自动生成的，如图5-5所示。

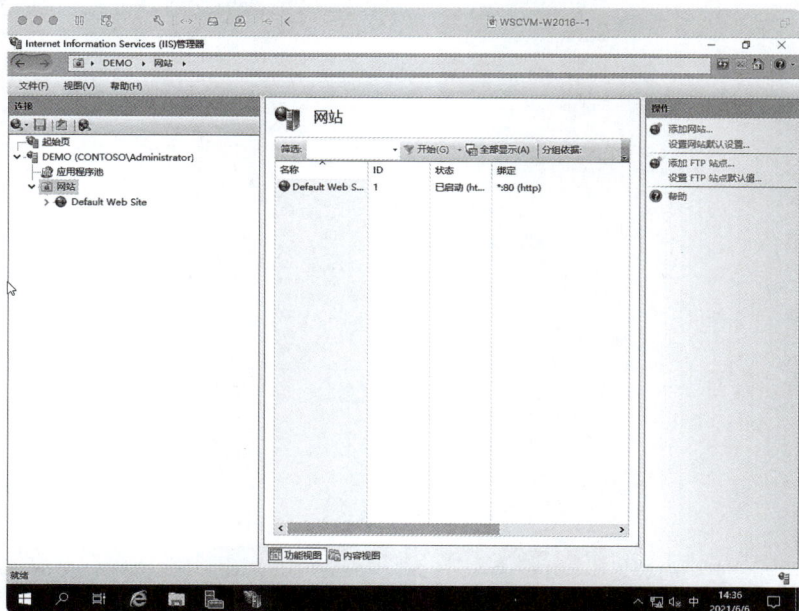

图5-5

用户可以对这个"Default Web Site"做一些操作，比如本案例设定"Default Web Site"的绑定信息，双击"Default Web Site"，在右侧栏点击"绑定…"，如图5-6所示。

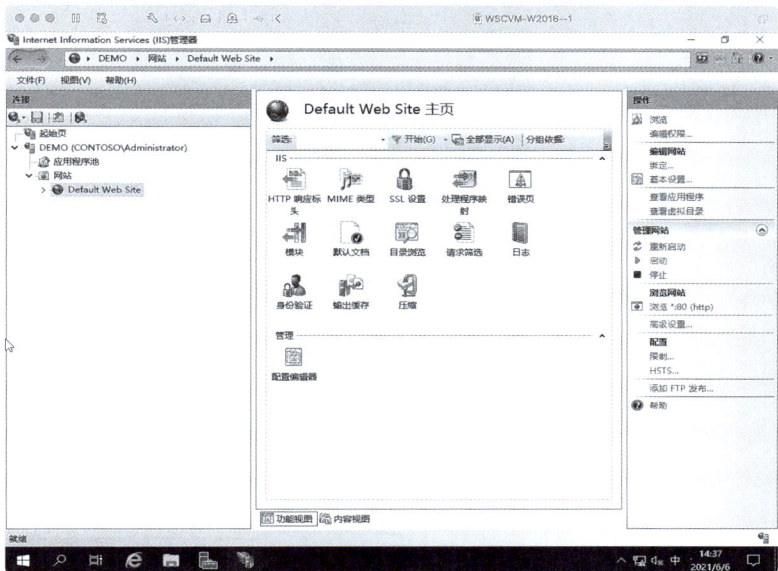

图5-6

在弹出的"编辑网站绑定"窗口，在"主机名"一栏中输入"www.contoso.com"，如图5-7所示。

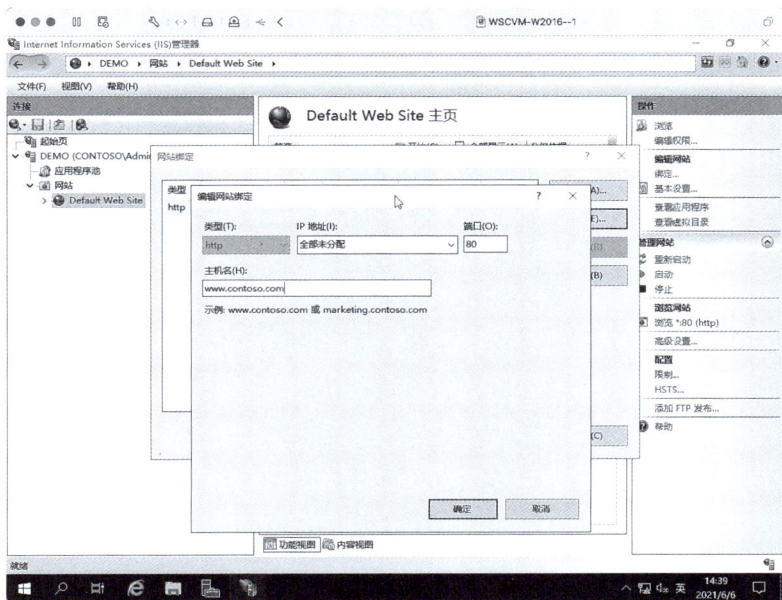

图5-7

接下来可以访问这个网站，在案例中，已经添加了WWW主机记录到DNS服务器，可以直接打开Iexplorer进行访问测试，如图5-8所示。

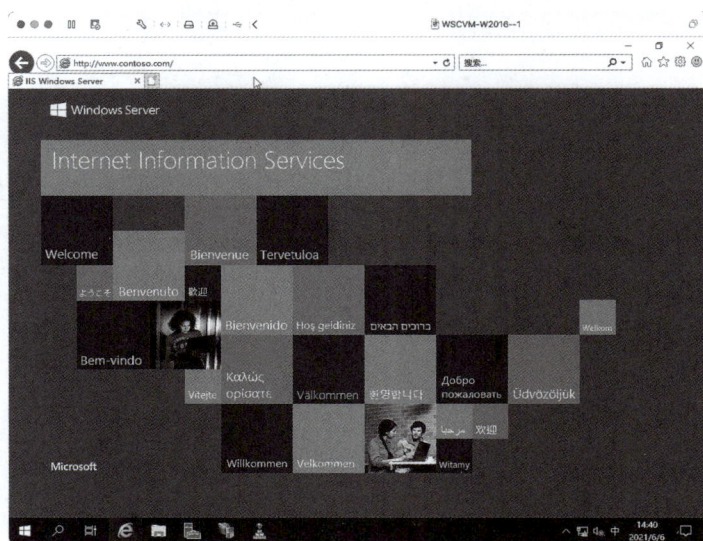

图5-8

5.3.8　搭建IIS服务的FTP站点

在本案例中，继续添加FTP站点。打开IIS管理器（图5-9），在右侧栏点击"添加FTP站点"，输入FTP站点相关信息（图5-10）。

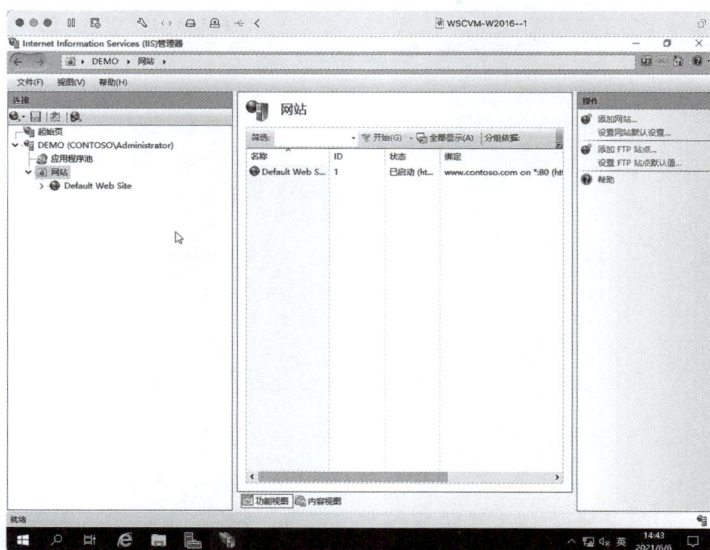

图5-9

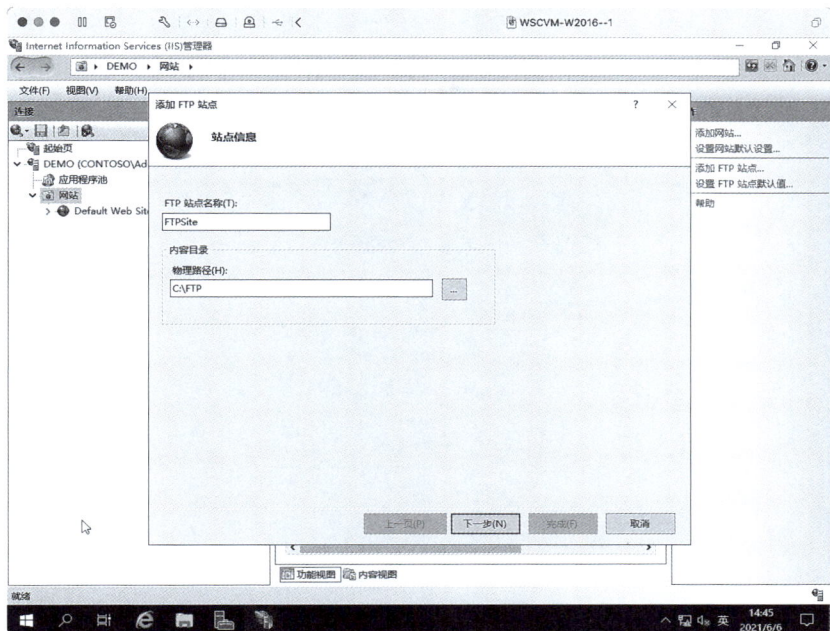

图 5-10

在"绑定和 SSL 设置"窗口，选择"无 SSL"，因为在 Windows 中，自带的 FTP 客户端不支持 SSL，点击"下一步"，如图 5-11 所示。

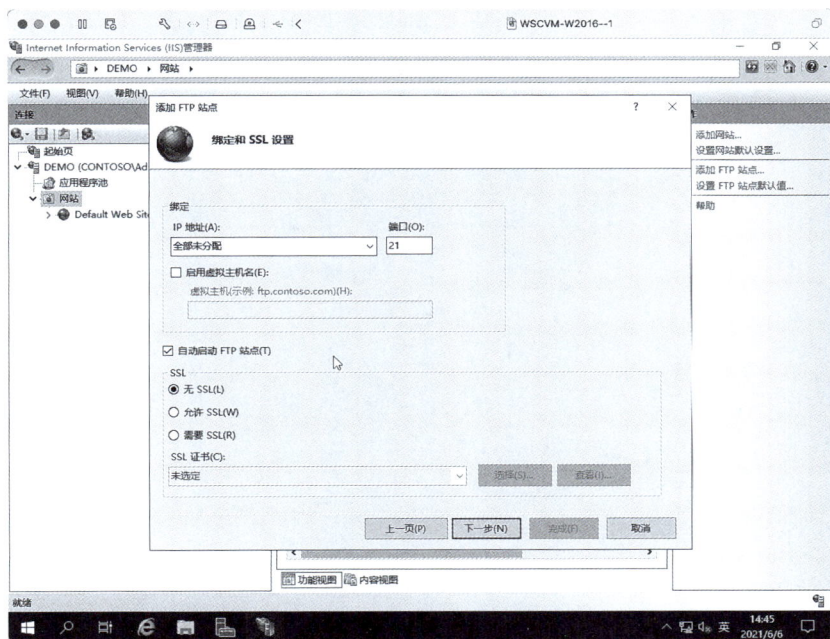

图 5-11

在"添加 FTP 站点"窗口勾选所需要的身份验证方式以及授权方

式，在本案例，直接勾选"匿名""基本"，授权与权限直接选择"所有用户""读取""写入"，如图5-12所示。

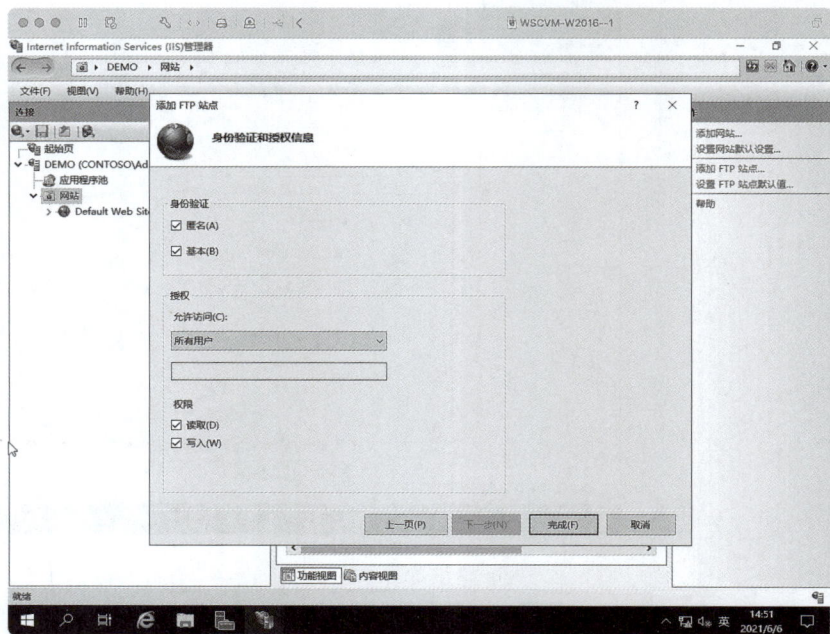

图5-12

完成后，在IIS管理器可以看到这个FTP站点，如图5-13所示。

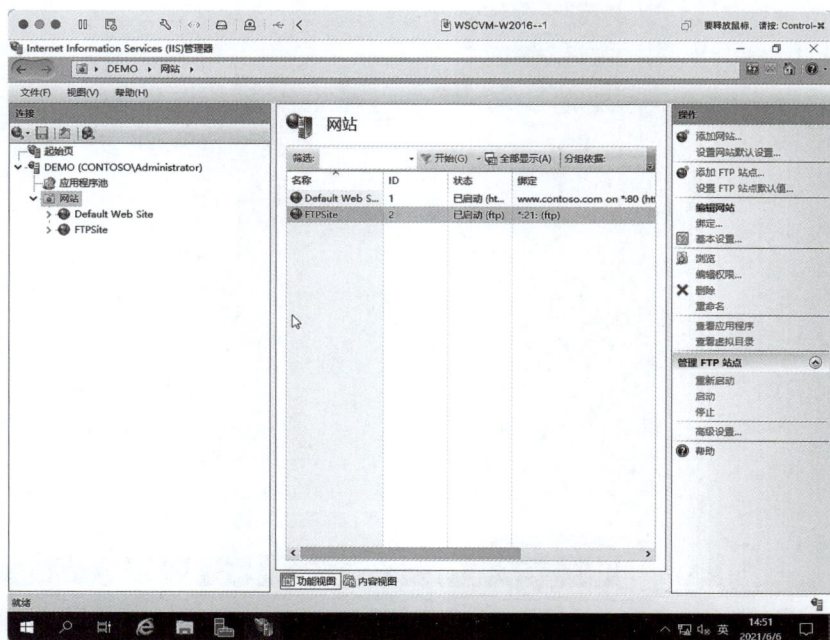

图5-13

可以使用本地FTP客户端进行FTP测试，如图5-14所示。

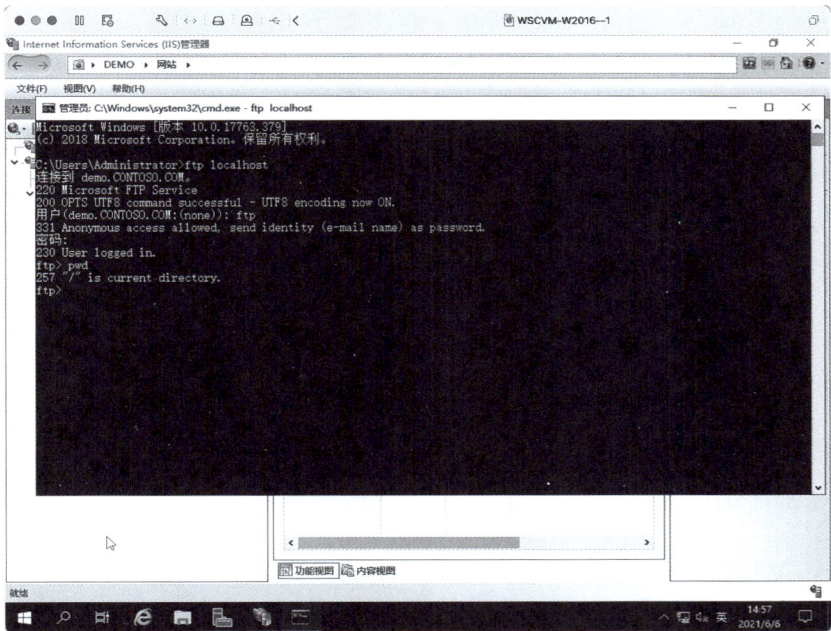

图5-14

5.4　任务练习

读者通过任务学习部分的IIS服务器解释、Web与FTP部件的介绍、Web和FTP的配置等小节的学习，对IIS服务有了进一步的了解，请完成以下练习并撰写实验报告。

（1）安装一台Windows Server 2016、一台Windows 10，在Windows Server 2016安装IIS服务，创建一个Web站点，启用HTTPS的访问和Windows 10访问时，不会提示证书错误。

（2）安装一台Windows Server 2016、一台Windows 10，在Windows Server 2016安装IIS服务，添加FTP服务器，并且创建10个用户账户，将其添加到Its组，创建一个FTP站点，仅允许Its组写入，匿名用户无法写入。

5.5　任务总结与拓展

　　在现有的 IIS 服务上，思考如何进行更深入的自定义优化，例如，设置某个站点 CPU 使用效率，或者将 HTTP 重新定向到 HTTPS，如何进行用户身份验证等一些细化操作。

6

Windows Server 2016
更新服务

6.1 任务目标

1. 阅读任务书，明确任务内容，完成任务练习。
2. 建议将实验设置为使用 VMware Workstation 或 VirtualBox 虚拟机的形式进行实验。
3. 掌握 Windows Server 2016 更新服务的概念。
4. 掌握 Windows Server 2016 更新服务的配置。
5. 撰写关于 Windows Server 2016 更新服务的实验报告。

6.2 任务分析

随着时代的发展，各种系统漏洞、系统病毒层出不穷，为了应对种种挑战，在现有的操作系统上进行补丁更新，是必要的选择。但是，在一个有规模的企业，面对成百上千台计算机，如果同时进行补丁更新，将非常占用公网资源，微软为了解决这个问题，给 Windows 提供了 Windows Server 更新服务，现在仅需要再设置一台 Windows 更新服务器，它就可以作为更新的源头，提供整个企业的补丁更新服务，而不需要全部主机去寻找微软的官方补丁服务器，节省公网资源。

6.3　任务学习

6.3.1　Windows Server 2016 更新服务的概念

Windows Server 更新服务（Windows Server Update Services，WSUS）服务器提供可用于通过管理控制台管理和分发更新的功能。WSUS 服务器也可以是组织内其他 WSUS 服务器的更新源。充当更新源的 WSUS 服务器称为"上游服务器"。在 WSUS 实施中，网络上至少有一台 WSUS 服务器必须能够连接到 Microsoft Update 以获取可用的更新信息。作为管理员，用户可以根据网络安全和配置确定有多少其他 WSUS 服务器直接连接到 Microsoft Update。

更新管理是控制临时软件版本在生产环境中的部署和维护的过程。它可以帮助用户保持运营效率、克服安全漏洞并保持生产环境的稳定性。如果用户的组织无法在其操作系统和应用软件中确定和维护已知级别的信任，则它可能存在许多安全漏洞，如果被利用，可能会导致经济和知识产权损失。为最大限度地减少这种威胁，需要用户正确配置系统、使用最新软件并安装推荐的软件更新。

6.3.2　Windows Server 2016 更新服务的配置

本案例中，使用 VMware Workstation 软件将 Windows Server 2016 虚拟化演示 DHCP 服务的安装，参见图 1-2。

在"服务器管理器"窗口，点击"管理"，选择"添加角色和功能"，参见图 2-3。

在"选择服务器角色"窗口，勾选"Windows Server 更新服务"，点击"下一步"，如图 6-1 所示。

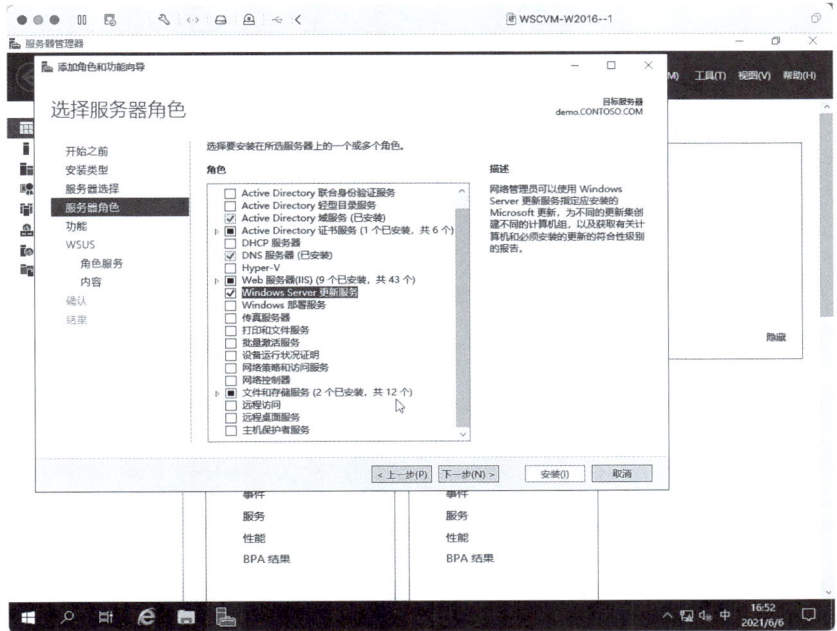

图6-1

在"内容位置选择"窗口，输入补丁存储的路径信息，如图6-2所示。

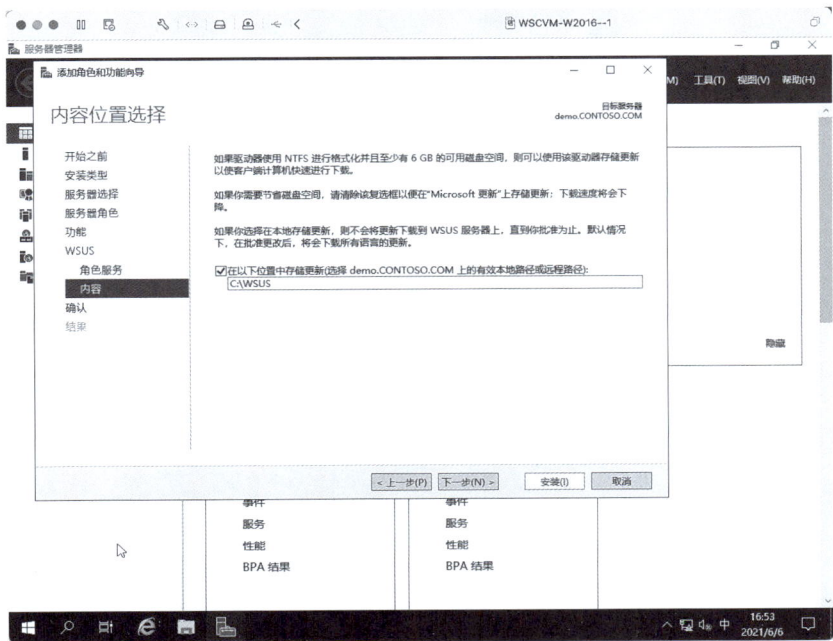

图6-2

在"确认安装所选内容"窗口，点击"安装"，如图6-3所示。

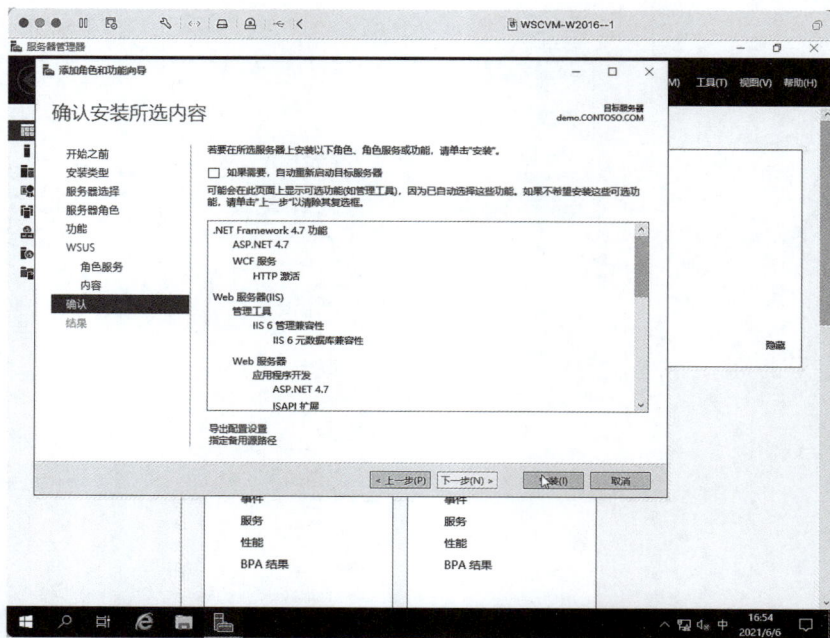

图6-3

在"安装进度"窗口，点击"启动安装后任务"，如图6-4所示。

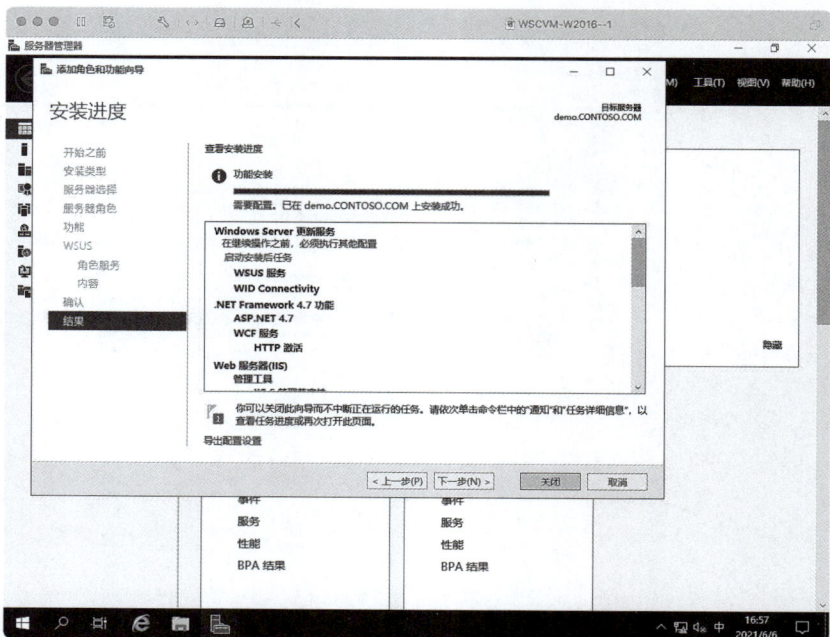

图6-4

等待安装配置的完成，如图6-5所示。

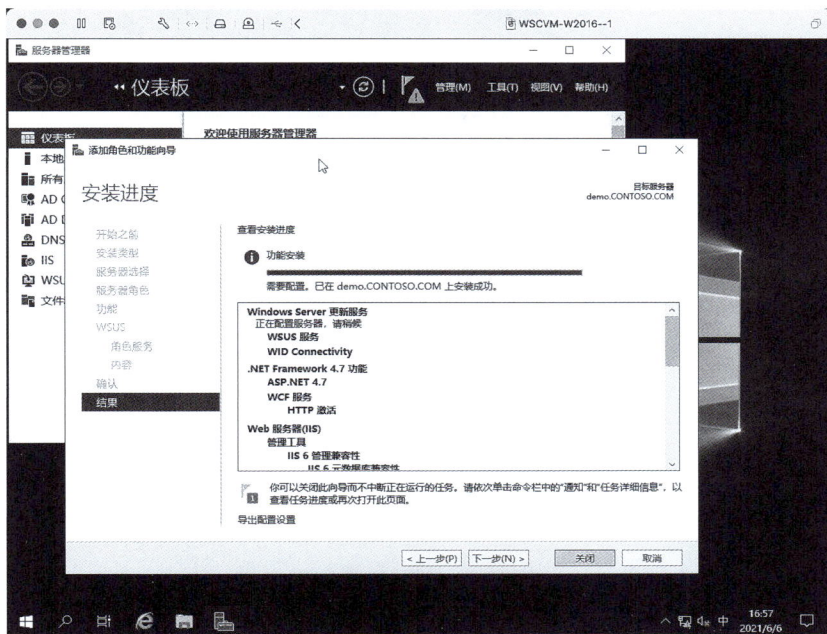

图6-5

　　在"服务器管理器"窗口，点击"工具"，选择"Windows Server更新服务"，如图6-6所示。

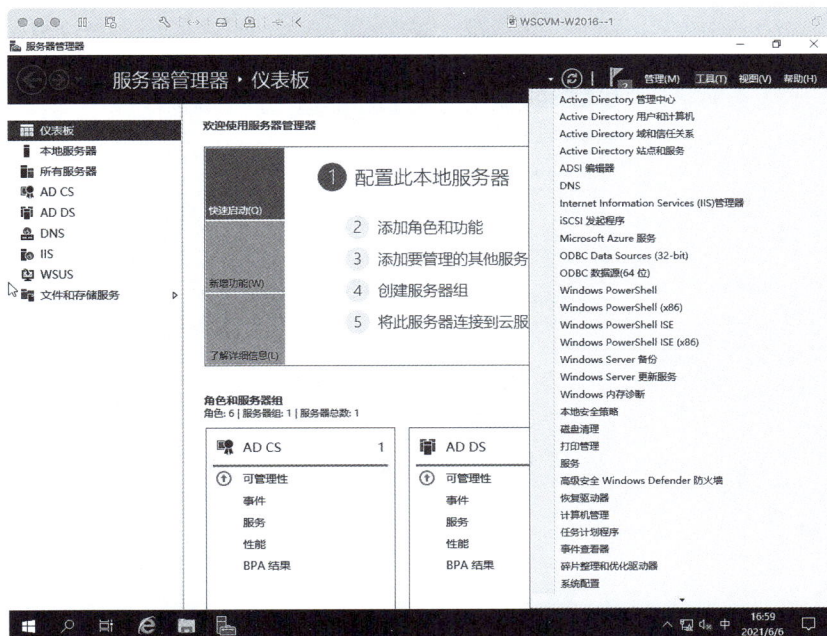

图6-6

　　启动配置向导，点击"下一步"，如图6-7所示。

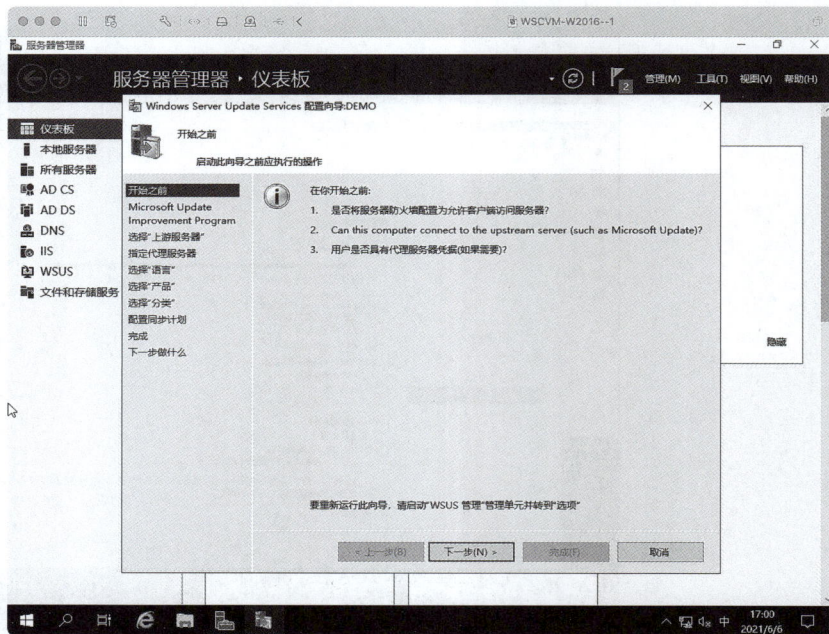

图6-7

在"选择'上游服务器'"窗口，选择"Synchronize from Microsoft Update"，点击"下一步"，如图6-8所示。

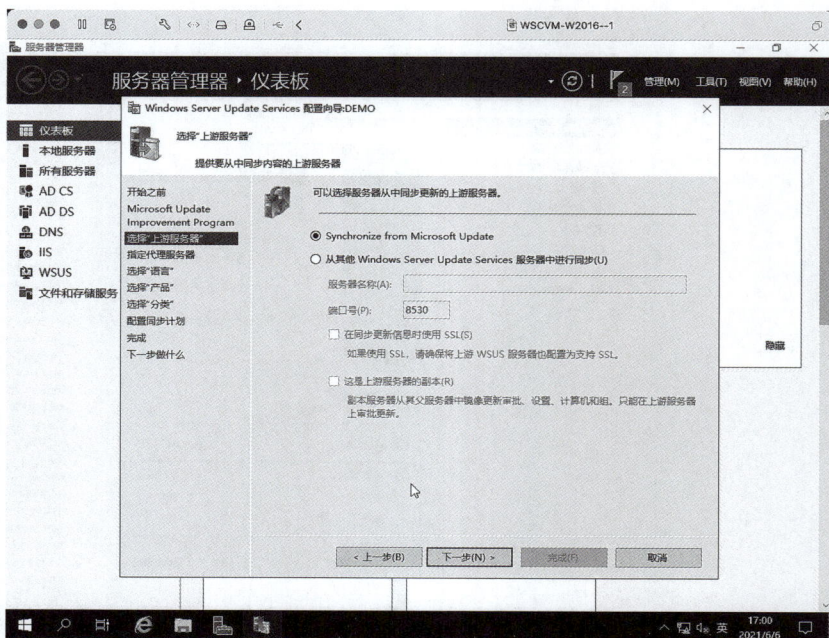

图6-8

如果有使用代理服务器的需求，可以在"指定代理服务器"窗口进行配置（本案例中尚未使用代理服务器），如图6-9所示。

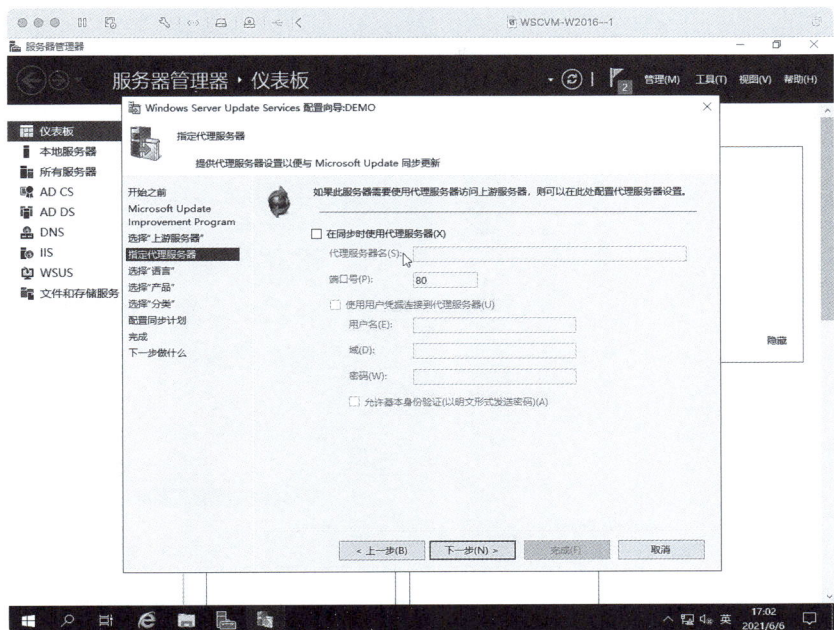

图6-9

在"连接到上游服务器"窗口，点击"开始连接"进行补丁更新（这个步骤需要较长的时间），如图6-10所示。

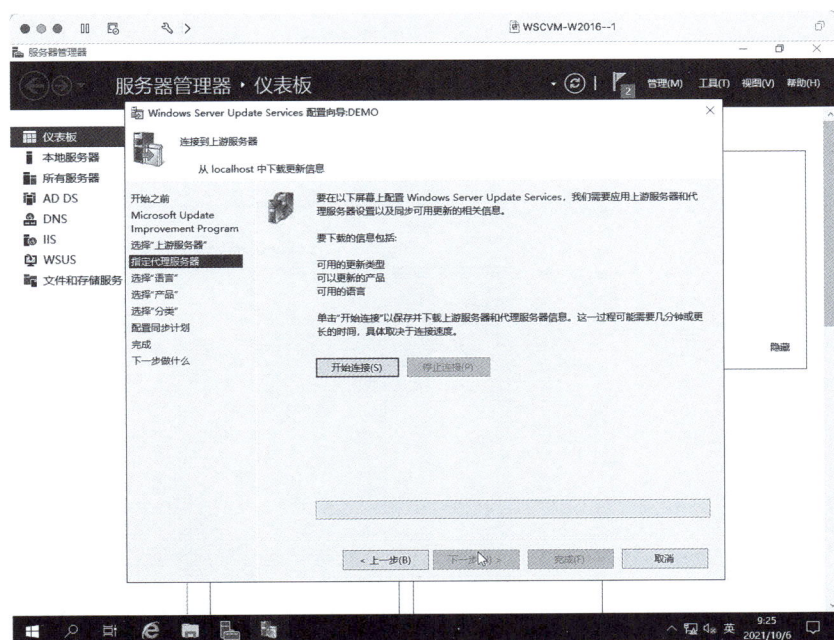

图6-10

连接成功后，如图6-11所示。

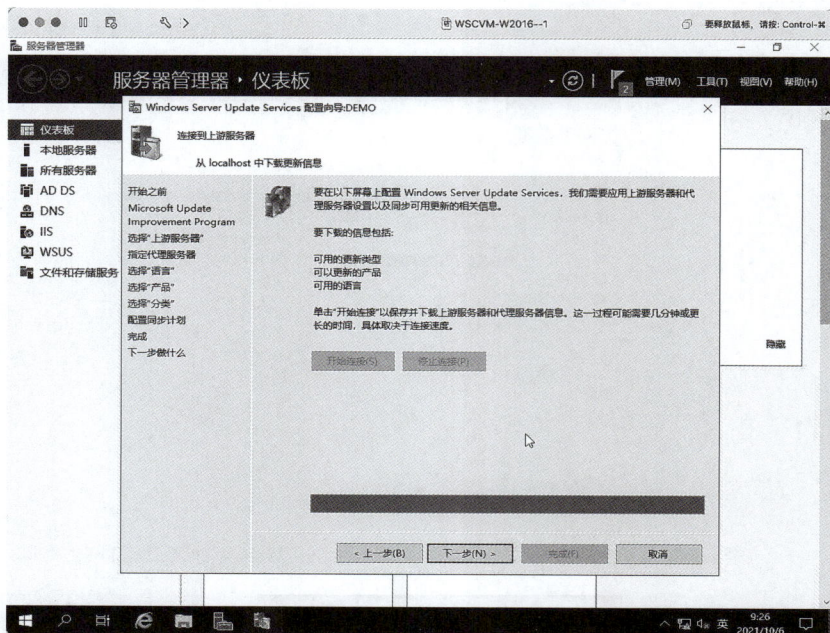

图6-11

在"选择'语言'"窗口，选择对应的操作系统语言，在案例中使用的是中文（简体），如图6-12所示。

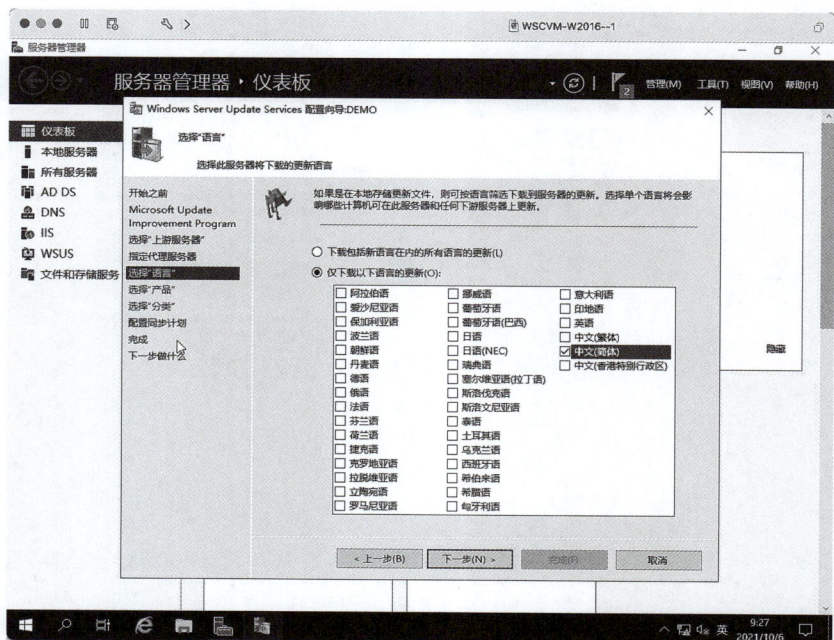

图6-12

在"设置同步计划"窗口，勾选"自动同步"，如图6-13所示。

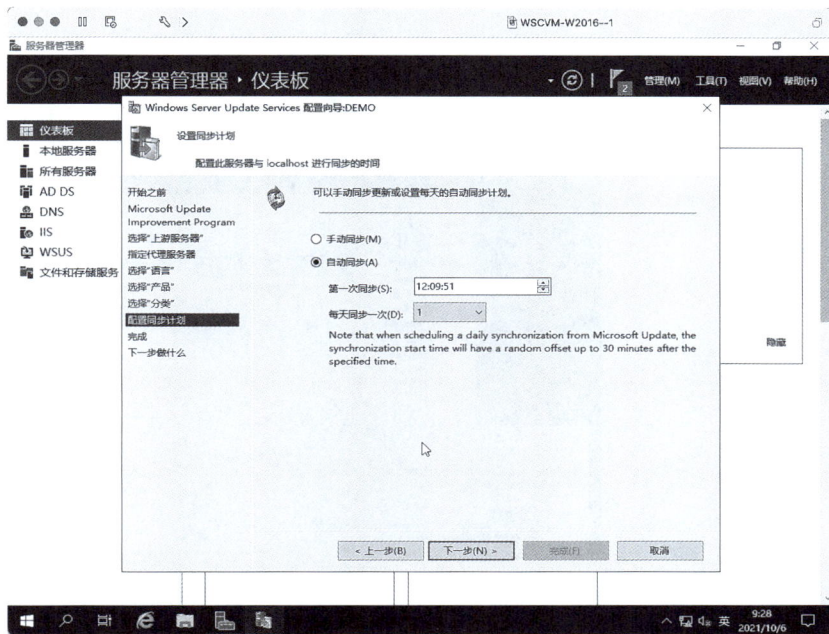

图6-13

在"完成"窗口，勾选"开始初始同步"，如图6-14所示。

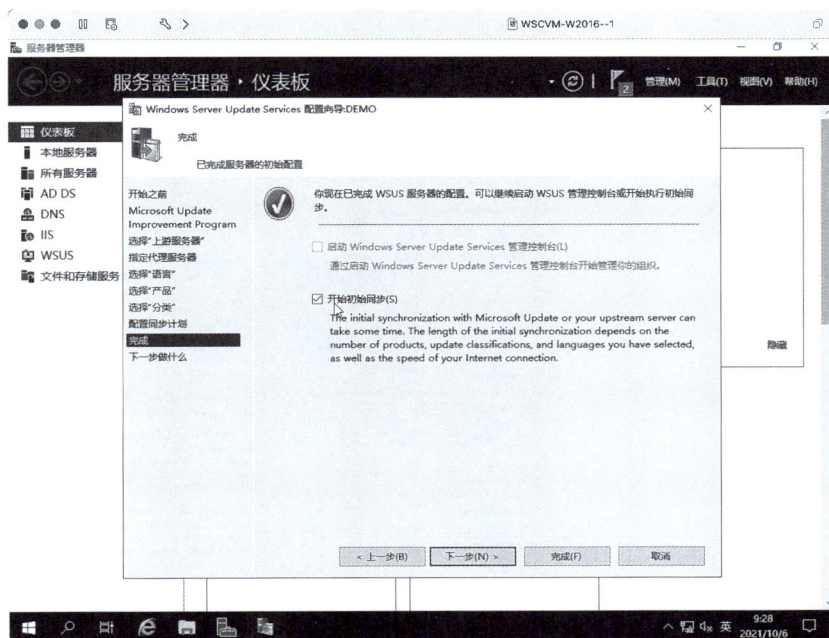

图6-14

在客户端，"运行"窗口，输入"gpedit.msc"，打开组策略，如果是在域环境，可以直接设定域组策略（GPO）（GPME.msc），如图6-15所示。

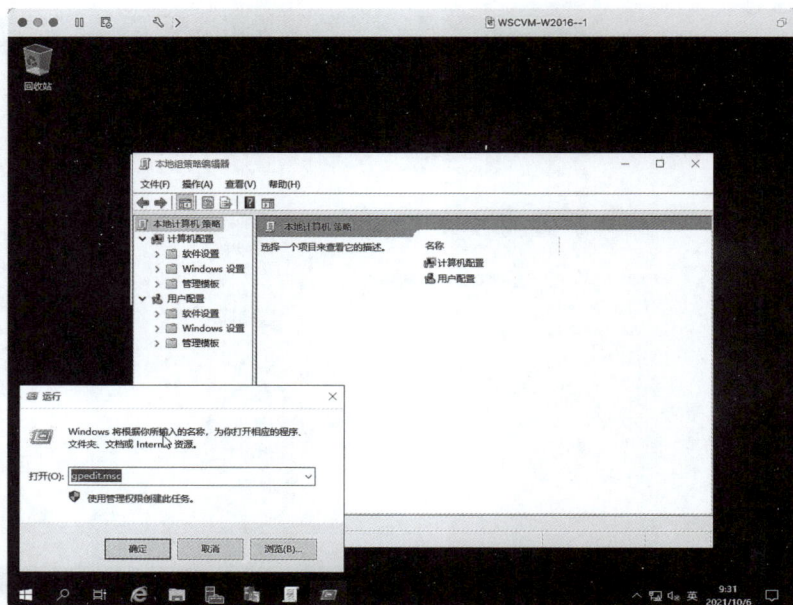

图6-15

修改策略方法如下：计算机配置→管理模板→Windows组件→Windows更新→指定Intranet Microsoft更新服务位置，如图6-16所示。

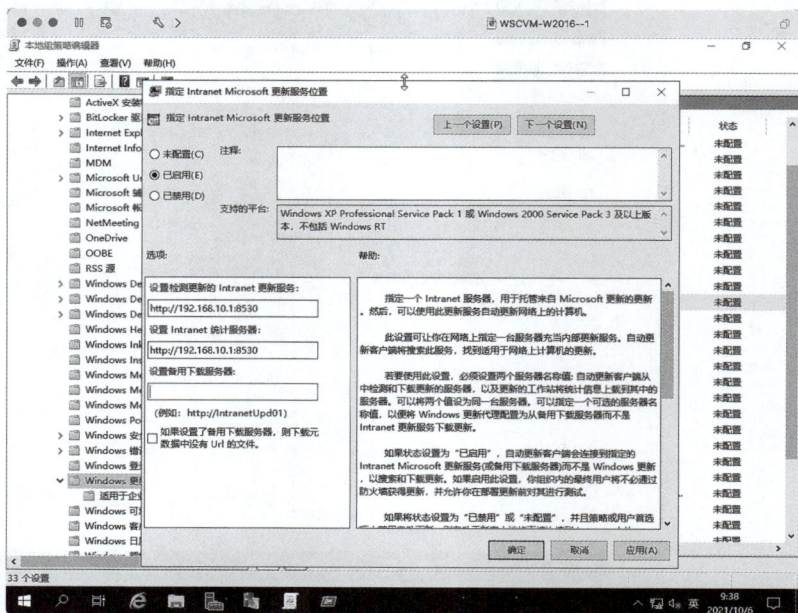

图6-16

6.4　任务练习

　　读者通过任务学习部分的 WSUS 概念、WSUS 配置等小节的学习，对 DHCP 服务有了进一步的了解，请完成以下练习并撰写实验报告。

　　（1）安装一台 Windows Server 2016、一台 Windows 10，在 Windows Server 2016 安装 AD 域和 WSUS 服务，将所有加入域的计算机自动按照操作系统分类（Windows CLT 类和 Windows Server 类）。

　　（2）在 WSUS 服务中设定每天 03:00 AM 自动更新。

6.5　任务总结与拓展

　　将 WSUS 服务与组策略结合，可以将补丁进行分类管理，并且可以在 Microsoft 补丁站将单个补丁下载到 WSUS 服务器中固定推送。

Windows Server 2016
远程访问服务

7.1 任务目标

① 阅读任务书，明确任务内容，完成任务练习。

② 建议将实验设置为使用 VMware Workstation 或 VirtualBox 虚拟机的形式进行实验。

③ 掌握 Windows Server 2016 远程访问服务的相关实现原理。

④ 掌握 Windows Server 2016 远程访问服务的配置过程与维护过程。

⑤ 撰写关于 Windows Server 2016 远程访问服务的实验报告。

7.2 任务分析

　　某小型企业因为办公室装修，全体人员居家办公，但是所有的订单资料都存放在公司服务器，需要为该企业启用远程访问，使员工能够正常办公。学习本章节内容后，读者将学会如何部署远程访问服务。

7.3 任务学习

7.3.1 Windows Server 2016远程访问服务概述

Windows远程访问服务全称为路由和远程访问服务（Routing and Remote Access Service，RRAS），通过使用RRAS，用户可以部署VPN连接，为最终用户提供对组织网络的远程访问。用户还可以在不同位置的两台服务器之间创建站点到站点VPN连接，对公司网络启用VPN连接功能。

虚拟专用网络（Virtual Private Network，VPN）将专用网络扩展到公共网络，并使用户能够跨共享或公共网络发送和接收数据，就像他们的计算设备直接连接到专用网络一样。VPN的好处包括增加专用网络的功能、安全性和管理，它可以提供在公共网络上无法访问的资源访问权限。

7.3.2 VPN类型

虚拟专用网络可分为以下三类：

（1）远程访问：主机到网络配置类似于将计算机连接到局域网。这种类型提供对企业网络的访问，如企业内部网（Intranet）。这可能适用于需要访问私有资源的远程工作人员，或者使移动工作人员能够访问重要工具而不会将它们暴露在公共互联网上。

（2）站点到站点：站点到站点配置连接两个网络。此配置将网络扩展到地理上不同的办公室或相同办公室到数据中心安装。互连链路可以在不同的中间网络上运行，如通过IPv4网络连接的两个IPv6网络。

（3）基于外联网的站点到站点：在站点到站点配置的上下文中，术语内联网（Intranet）和外联网（Extranet）用于描述两种不同的用例。内联网站点到站点VPN描述了通过VPN连接的站点属于同一组织的配置，而外联网站点到站点VPN连接属于多个组织的站点。

通常，个人与远程访问VPN进行交互，而企业倾向于将站点到站点连接用于企业对企业、云计算和分支机构场景。尽管如此，这些技术并不是相互排斥的，并且在非常复杂的业务网络中，可以将它们组合起来以实现对位于任何给定站点的资源的远程访问，如驻留在数据中心的订购系统。

7.3.3　Windows Server远程访问服务的配置

在本案例中，使用VMware Workstation软件将Windows Server 2016虚拟化演示远程访问服务RRASVPN功能的安装，参见图1-2。

登录服务器，打开"服务器管理器"（图2-2）；点击"管理"，选择"添加角色和功能"（图2-3）。

在"选择服务器角色"窗口，勾选"远程访问"，点击"下一步"，如图7-1所示。

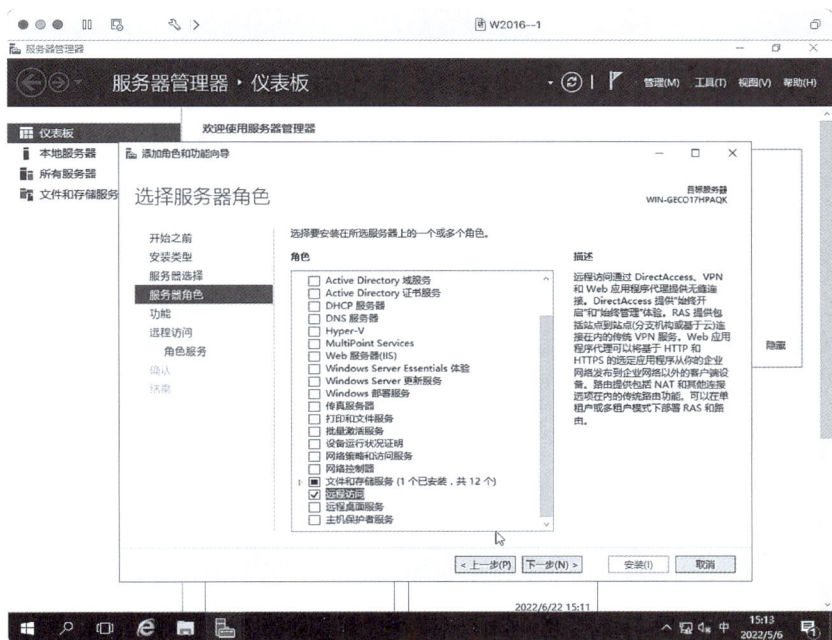

图7-1

在"选择角色服务"窗口，勾选"Directaccess和VPN（RAS）"，如图7-2所示。

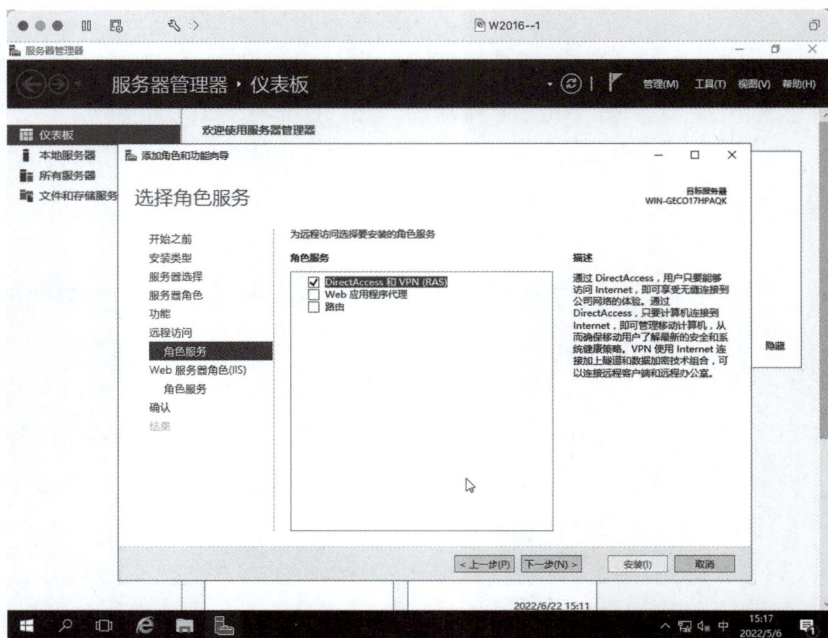

图7-2

在最后确认阶段，点击"安装"，如图7-3所示。

图7-3

等待安装完成，如图7-4所示。

图7-4

在"安装进度"窗口，点击"打开'开始向导'"，如图7-5所示。

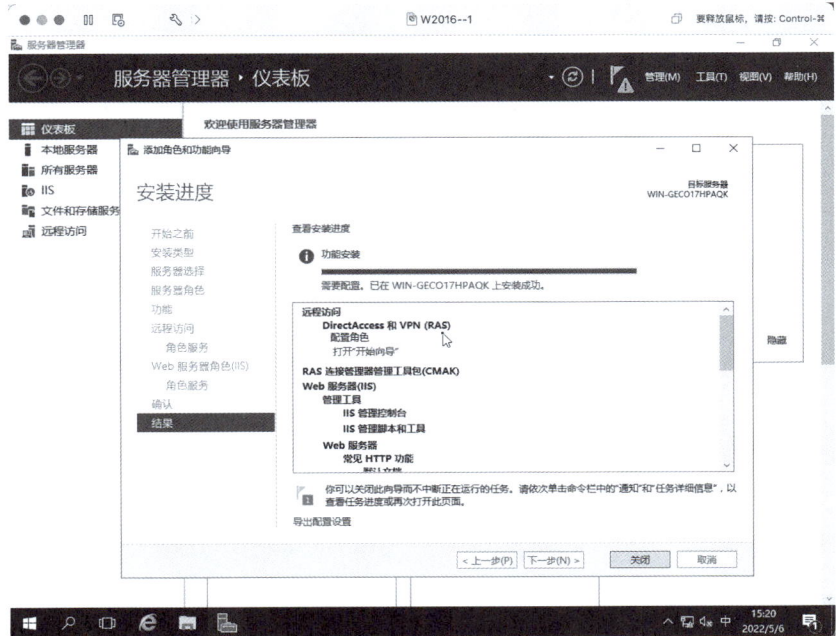

图7-5

在"配置远程访问"窗口，点击"仅部署VPN"，如图7-6所示。

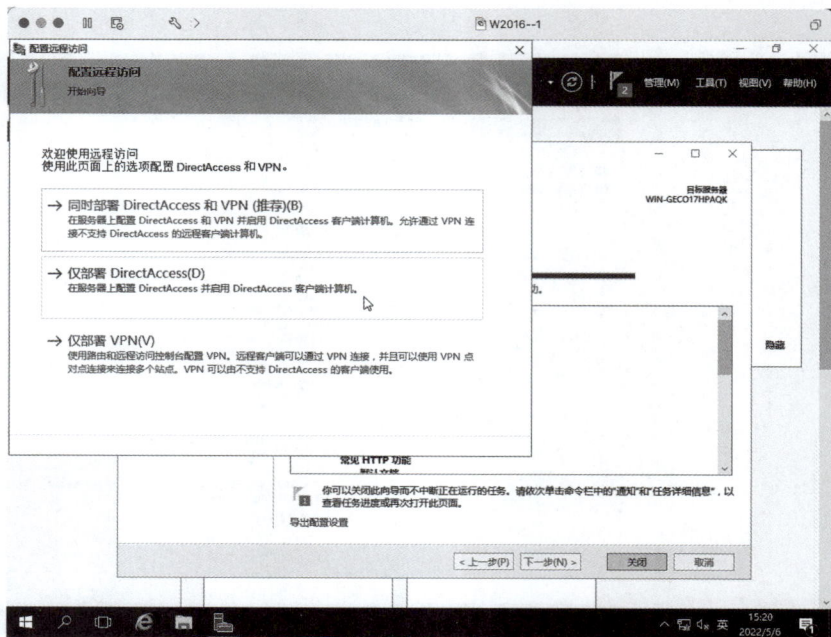

图7-6

在弹出的"路由和远程访问"窗口，右击"服务器"，点击"配置并启用路由和远程访问"，如图7-7所示。

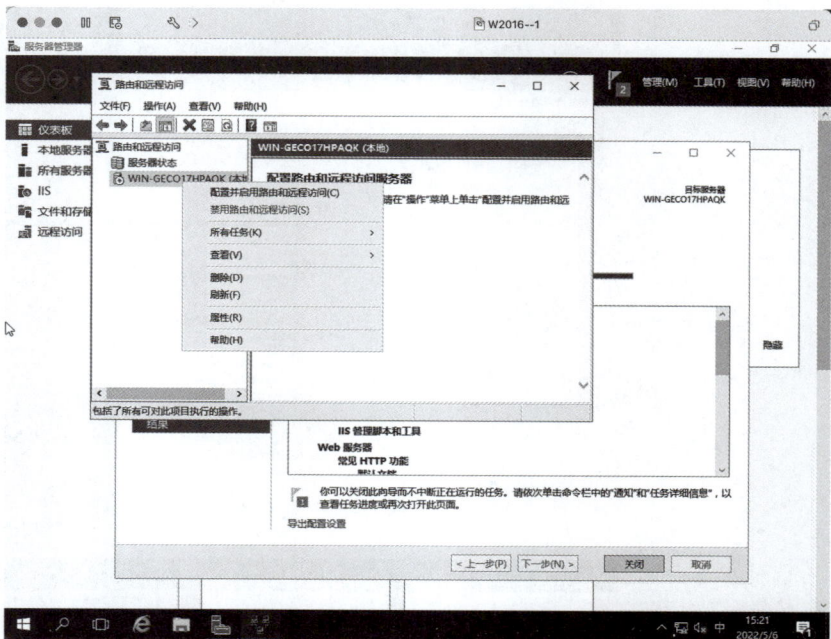

图7-7

在"配置"窗口，点击"自定义配置"，如图 7-8 所示。

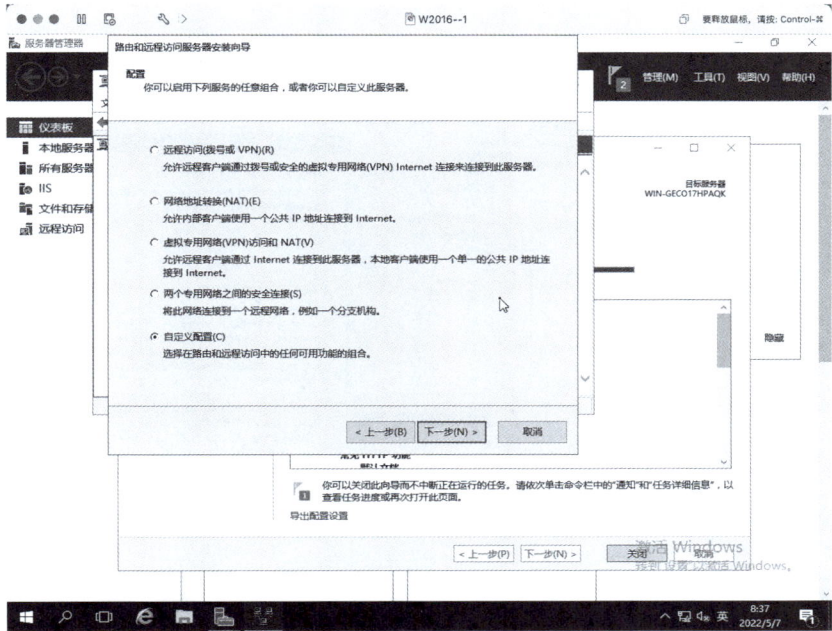

图 7-8

在"自定义配置"窗口，勾选"VPN 访问"，如图 7-9 所示。

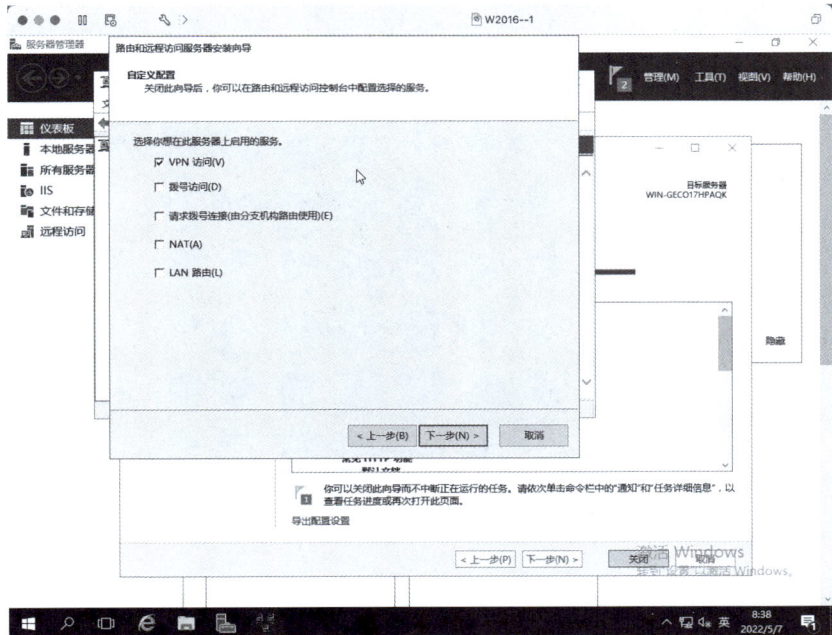

图 7-9

完成后，启动服务，如图7-10所示。

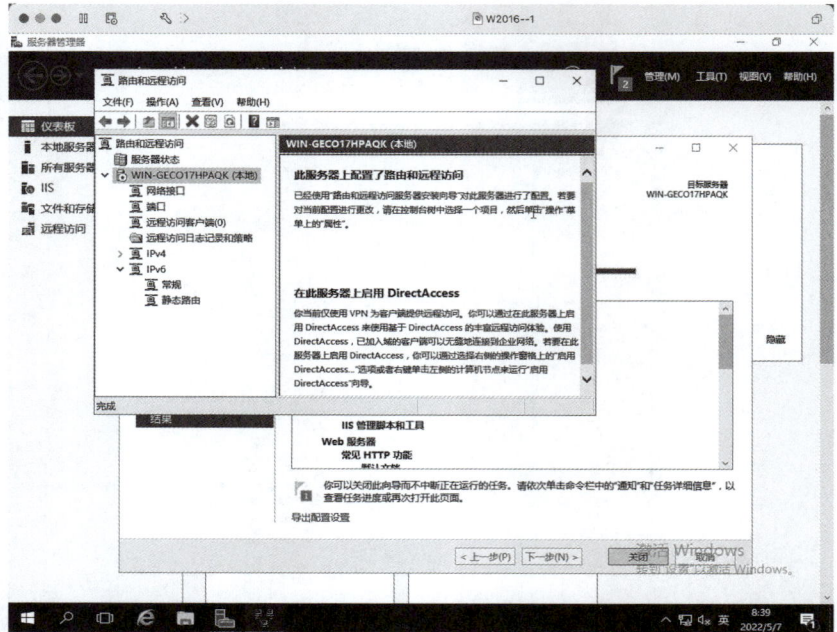

图7-10

在VPN客户端，选择"打开网络和共享中心"，如图7-11所示。

图7-11

选择"设置新的连接或网络"，如图7-12所示。

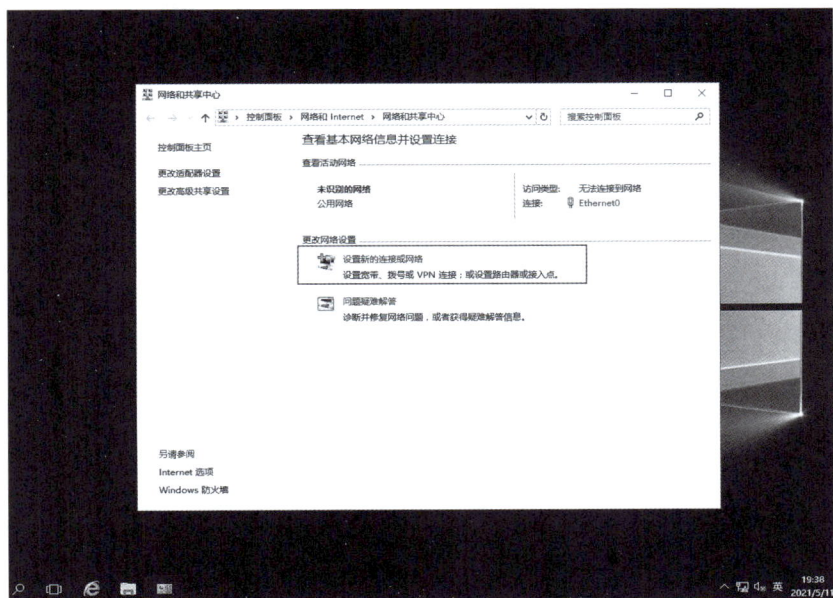

图 7-12

选择"连接到工作区",如图7-13所示。

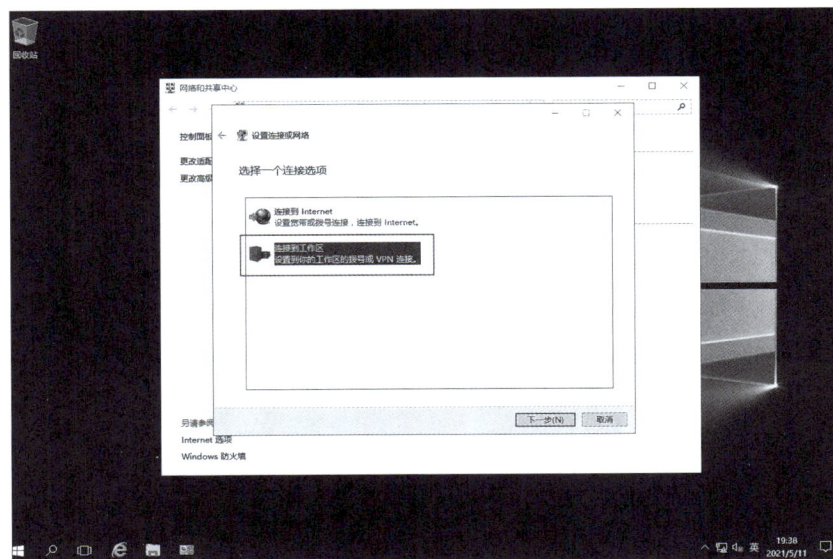

图 7-13

选择"使用我的Internet连接（VPN）",如图7-14所示。

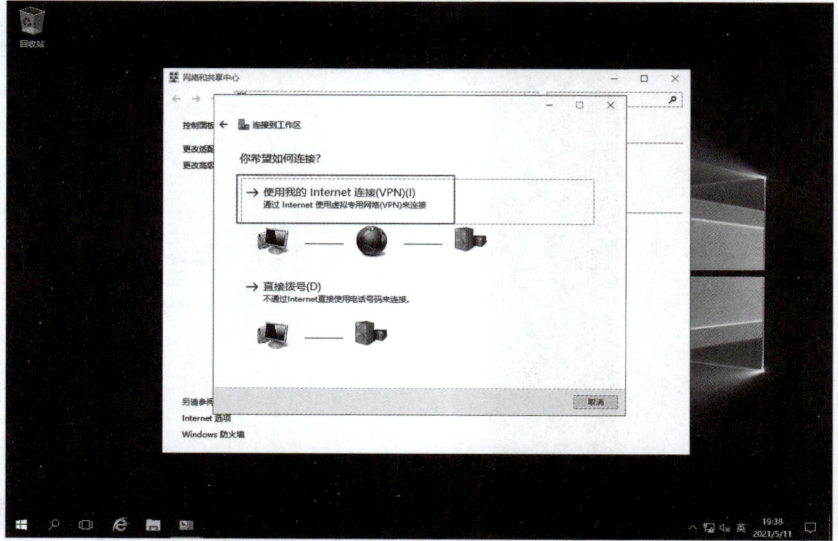

图7-14

选择"我将稍后设置Internet连接",如图7-15所示。

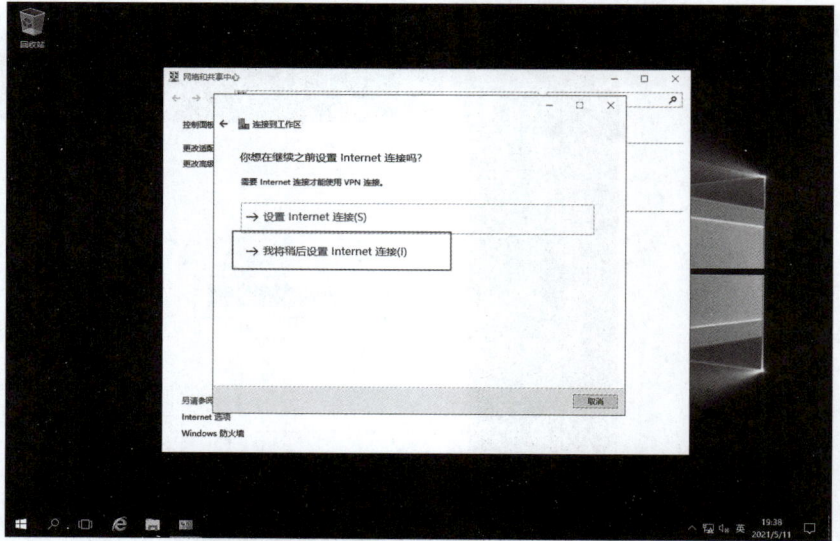

图7-15

在"键入要连接的Internet地址"处,输入VPN服务器相关信息,如图7-16所示。

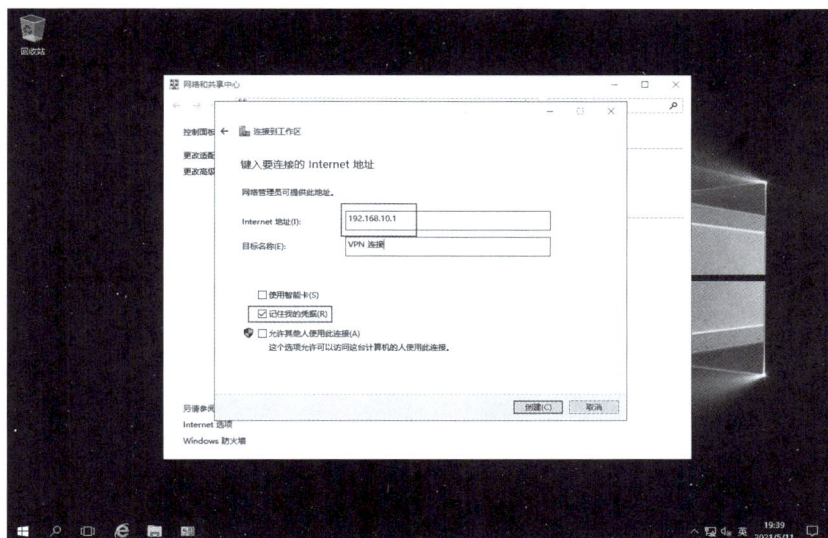

图 7-16

创建 VPN 配置文件后，选择"属性"，如图 7-17 所示。

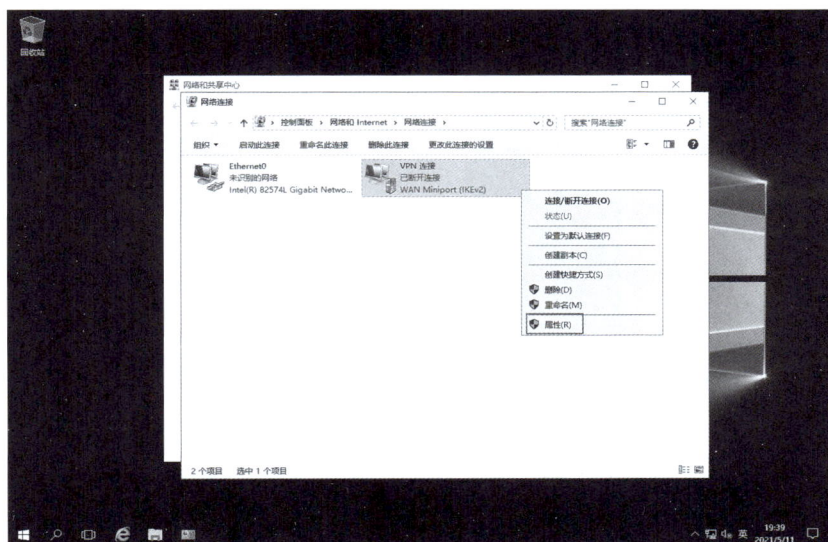

图 7-17

选择"安全"选项，做如图 7-18 所示的修改。

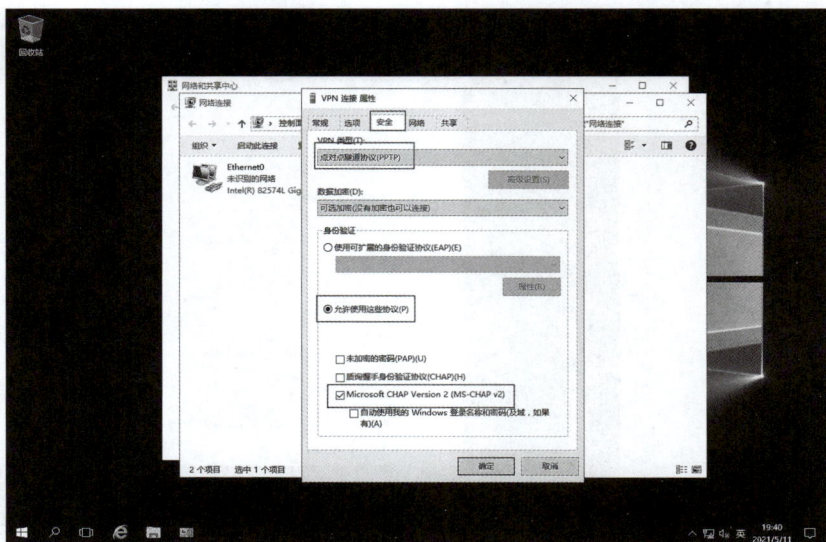

图7-18

点击VPN配置文件"VPN连接",连接上VPN,如图7-19所示。

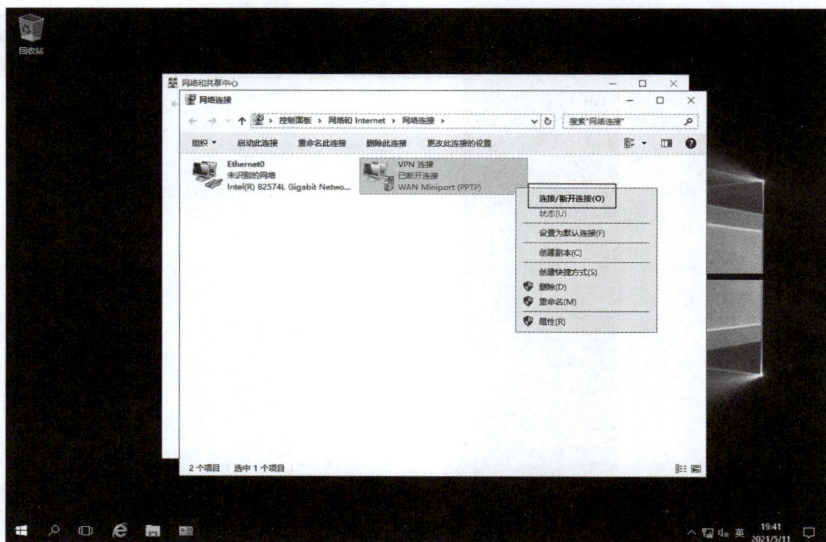

图7-19

确认"连接",如图7-20所示。

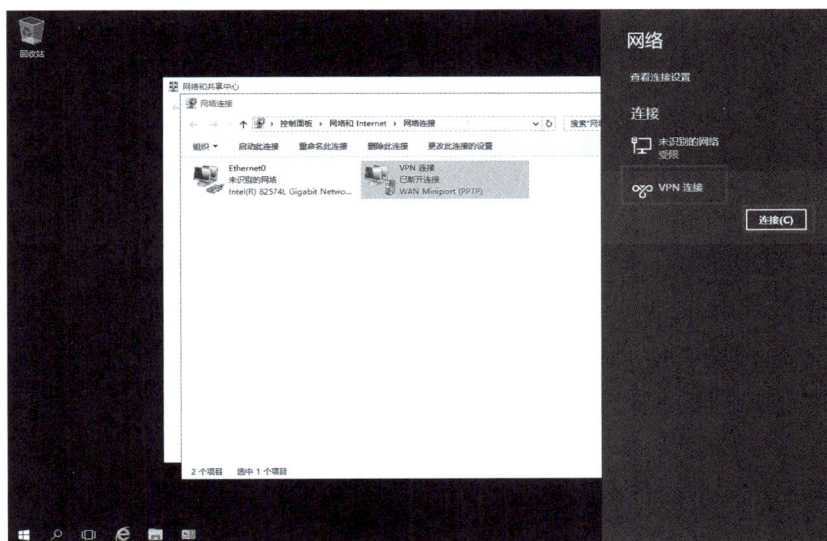

图 7-20

输入用户凭据，如图 7-21 所示。

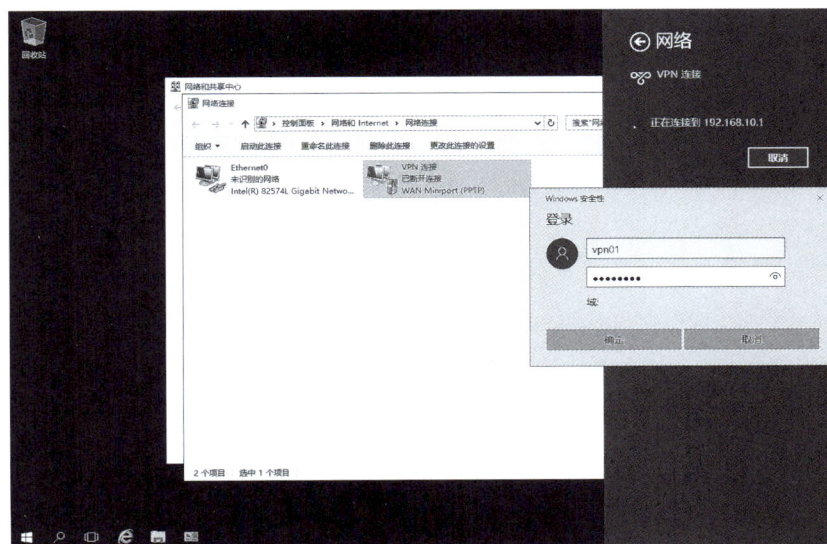

图 7-21

VPN 连接成功，如图 7-22 所示。

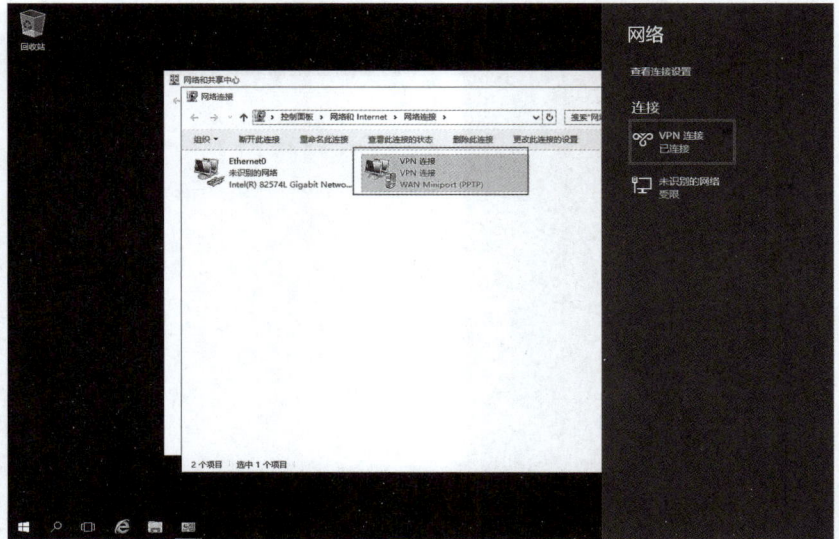

图 7-22

7.4　任务练习

读者通过对任务学习部分的远程访问服务、远程访问服务配置等内容的学习，对远程访问服务有了进一步的了解，请完成以下练习并撰写实验报告。

安装一台 Windows Server 2016、一台 Windows 10，在 Windows Server 2016 安装远程访问服务，配置远程访问服务并且使用 PPTP 协议，使用 Windows 10 创建 VPN 连接，并进行测试。

7.5　任务总结与拓展

将远程访问服务配置成 L2TP 代替 PPTP 使用，并且了解站点到站点类型的 VPN。

任务

8

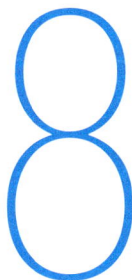

Windows Server 2016
远程桌面服务

8.1 任务目标

① 阅读任务书，明确任务内容，完成任务练习。

② 建议将实验设置为使用 VMware Workstation 或 VirtualBox 虚拟机的形式进行实验。

③ 掌握 Windows Server 2016 远程桌面服务的相关实现原理。

④ 掌握 Windows Server 2016 远程桌面服务的配置过程与维护过程。

⑤ 撰写关于 Windows Server 2016 远程桌面服务的实验报告。

8.2 任务分析

某小型企业因为办公室装修，全体人员居家办公，公司需要在远程访问的基础上使用 Office 等软件，但是这些软件公司只在办公室电脑购买了授权，现在员工在家里无法使用相关软件。在此使用远程桌面服务，进行统一部署 Office 软件，并且通过 Web 的形式提供给公司员工进行访问时使用。

8.3　任务学习

8.3.1　RDS 协议概述

远程桌面协议（Remote Desktop Protocol，RDP）是微软开发的专有协议，它为用户提供图形界面以通过网络连接到另一台计算机。用户为实现此目的使用 RDP 客户端软件，而另一台计算机必须运行 RDP 服务器软件。

大多数版本的 Microsoft Windows（包括 Windows Mobile）、Linux（例如 Remmina）、Unix、macOS、iOS、Android 和其他操作系统都存在客户端。RDP 服务器内置于 Windows 操作系统中；Unix 和 OS X 的 RDP 服务器也存在（例如 Xrdp）。默认情况下，服务器侦听 TCP 端口 3389 和 UDP 端口 3389。

微软目前将其官方 RDP 客户端软件称为"远程桌面连接"，以前称为"终端服务客户端"。

该协议是 ITU-T T.128 应用共享协议的扩展。微软在其网站上公开了一些规范。

8.3.2　Windows Server 2016 远程桌面服务概述

远程桌面服务（Remote Desktop Services，RDS）是一个卓越的平台，可以生成虚拟化解决方案来满足每个终端客户的需求，包括交付独立的虚拟化应用程序、提供安全的移动和远程桌面访问，使最终用户能够从云运行其应用程序和桌面。

根据环境和偏好，可以将 RDS 解决方案设置为基于会话的虚拟化、虚拟桌面基础架构（Virtual Desktop Infrastructure，VDI）或两者的组合：

（1）基于会话的虚拟化：利用 Windows Server 的计算能力提供经济高效的多会话环境来驱动用户的日常工作负载。

（2）VDI：利用 Windows 客户端提供高性能、应用程序兼容性和用户对其 Windows 桌面体验所期望的熟悉度。

在这些虚拟化环境中，可以更灵活地向用户发布内容：

（1）桌面：使用安装和管理的各种应用程序，为用户提供完整的桌面体验。非常适合依赖计算机作为主要工作站或来自瘦客户端（例如使用 MultiPoint 服务）的用户。

（2）RemoteApp：指定在虚拟机上托管、运行的单个应用程序，但看起来它们像本地应用程序一样在用户桌面上运行。这些应用程序有自己的任务栏条目，可以调整大小并在显示器之间移动。非常适合在安全的远程环境中部署和管理关键应用程序，同时允许用户使用和自定义自己的桌面。

8.3.3　Windows Server 2016 远程桌面服务的配置

在本案例中，使用 VMware Workstation 软件将 Windows Server 2016 虚拟化，并且已经将其加入 AD 域中，因为远程桌面服务仅在 AD 域部署，现在开始演示远程桌面服务的部署，参见图 1-2。

登录服务器，打开"服务器管理器"（图 2-2），点击"管理"，选择"添加角色和功能"（图 2-3）。

在"选择安装类型"窗口，点击"远程桌面服务安装"，如图 8-1 所示。

图 8-1

在"选择部署类型"窗口，点击"快速启动"，如图8-2所示。

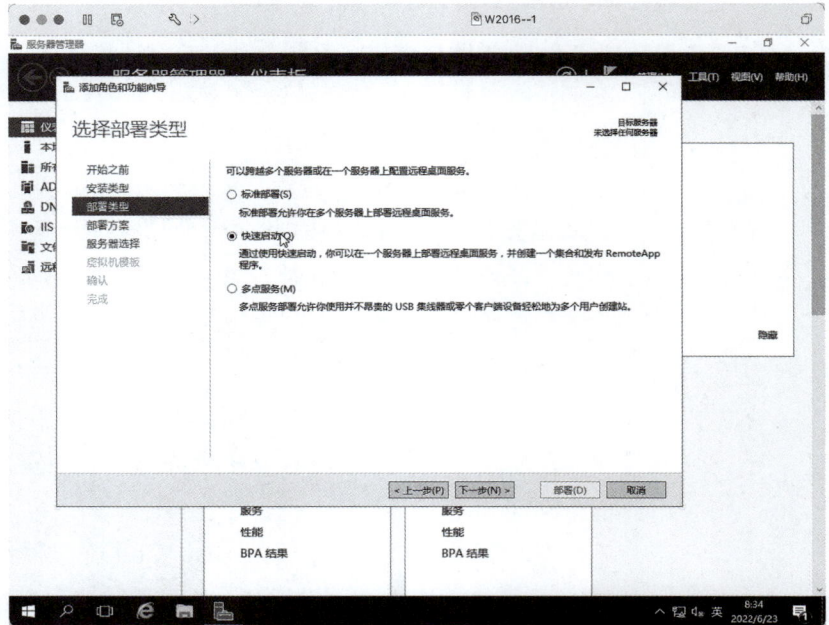

图8-2

在"选择部署方案"窗口，点击"基于会话的桌面部署"，如图8-3所示。

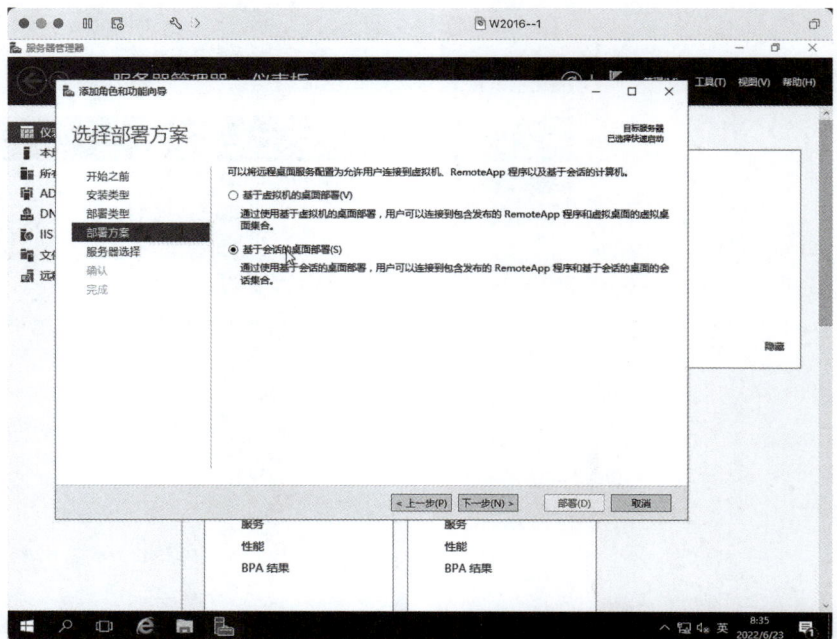

图8-3

在"确认选择"窗口，勾选"需要时自动重新启动目标服务器"
（这个安装过程需要重启），点击"部署"，如图8-4所示。

图8-4

重启后，登录系统，"查看进度"窗口会自动弹出，等待安装完成，
如图8-5所示。

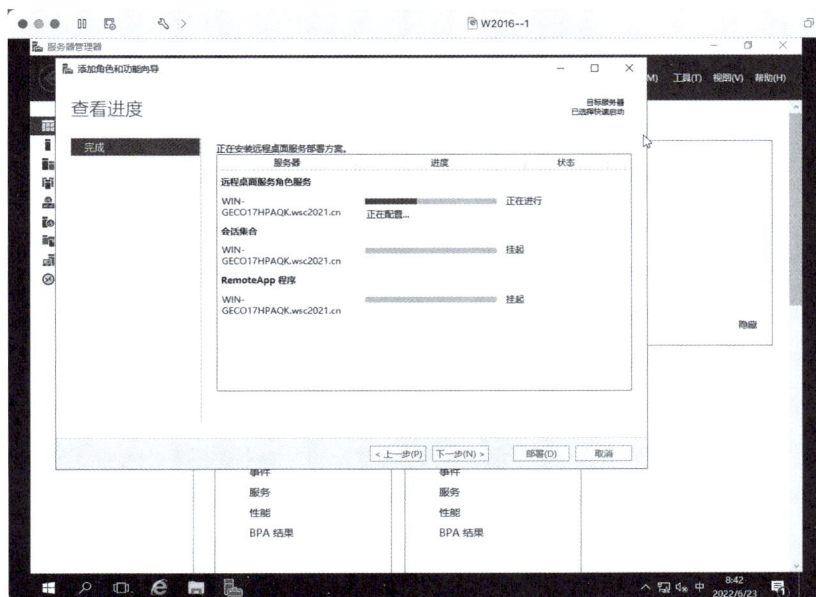

图8-5

安装完成后，如图8-6所示。

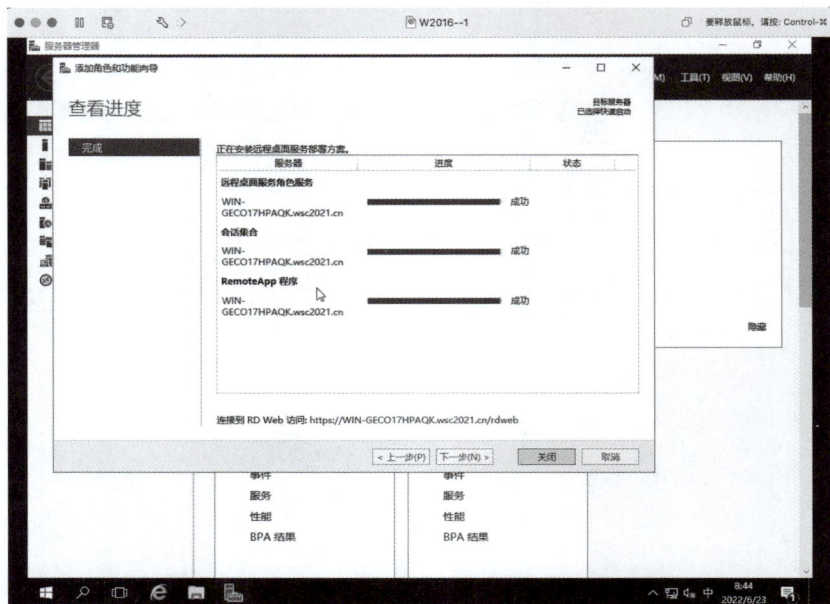

图8-6

访问图8-8的URL网址，并且使用用户名登录，如图8-7所示。

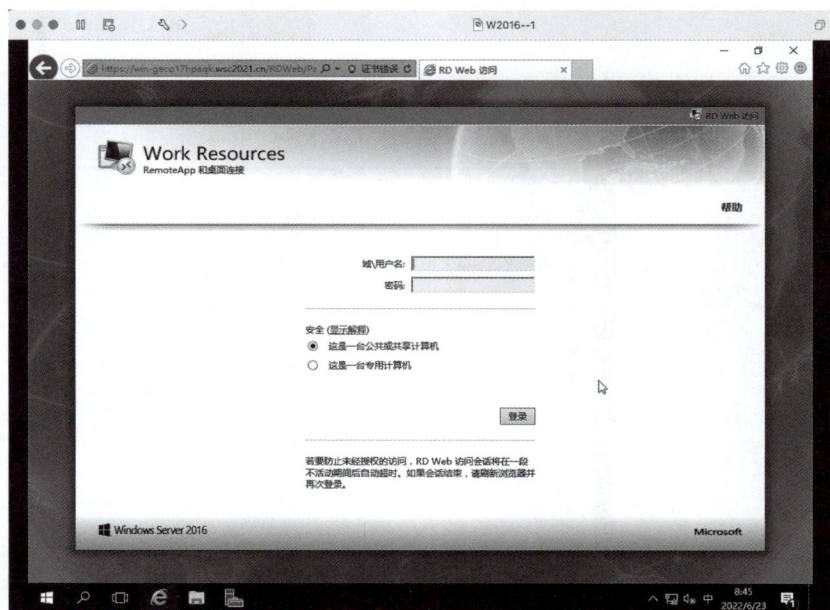

图8-7

登录成功后，即可使用对应服务器的RemoteApp，如图8-8所示。

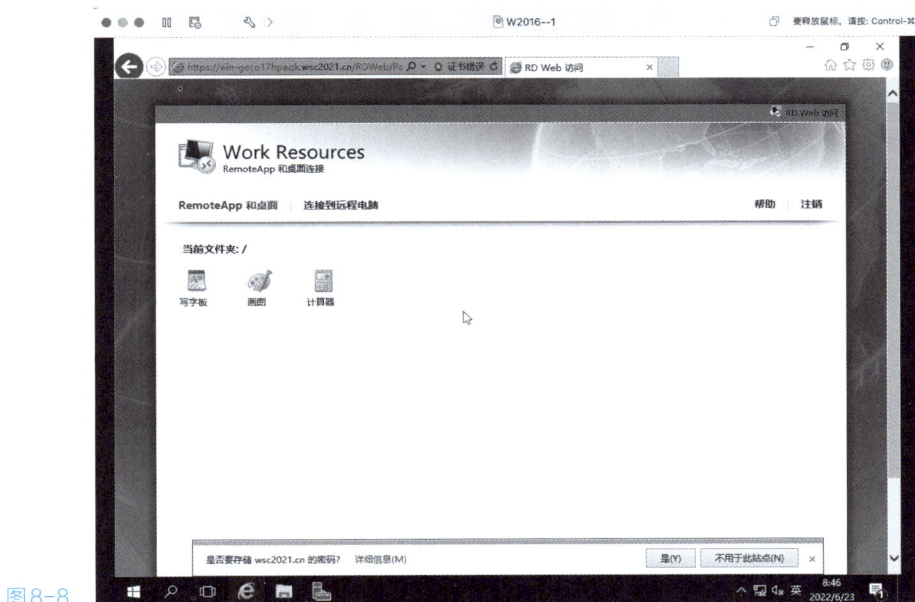

图8-8

8.4　任务练习

读者通过对任务学习部分的远程桌面服务、远程桌面服务配置等内容的学习，对远程桌面服务有了进一步的了解，请完成以下练习并撰写实验报告。

安装一台Windows Server 2016、一台Windows 10，在Windows Server 2016安装远程桌面服务，并且安装一个Office套件在Windows Server 2016，这个Office套件需要是批量授权版本（VOL）才能在远程桌面服务器安装。

8.5　任务总结与拓展

考虑将RDS服务的SSL证书替换成非自签名证书，解决证书故障问题。

Windows Server 2016 Hyper-V服务

9.1 任务目标

1. 阅读任务书，明确任务内容，完成任务练习。
2. 建议将实验设置为使用 VMware Workstation 或 VirtualBox 虚拟机的形式进行实验。
3. 掌握 Windows Server 2016 Hyper-V 的相关实现原理。
4. 掌握 Windows Server 2016 Hyper-V 服务的配置过程与维护过程。
5. 撰写关于 Windows Server 2016 Hyper-V 服务的实验报告。

9.2 任务分析

　　某小型企业需要使用虚拟化业务，该公司目前使用的是微软服务器 Windows Server 2016。此章节我们学习使用 Windows Server 2016 构建虚拟化功能，将使用到 Hyper-V 服务。

9.3　任务学习

9.3.1　Windows Server 2016 Hyper-V概述

　　Hyper-V是微软的硬件虚拟化产品，它使用户可以创建和运行称为虚拟机的计算机软件版本，每个虚拟机的行为就像一台完整的计算机，运行一个操作系统和程序，与仅在物理硬件上运行一个操作系统相比，当用户需要计算资源时，虚拟机可为用户提供更大的灵活性，帮助用户节省时间和金钱，是使用硬件的更有效方法。

　　Hyper-V在其自己的隔离空间中运行每个虚拟机，这意味着用户可以在同一硬件上同时运行多个虚拟机，以避免诸如崩溃影响其他工作负载之类的问题，或者使不同的人员、组或服务可以实现不同的系统和资源的访问。

9.3.2　Windows Server 2016 Hyper-V的场景

　　（1）建立或扩展私有云环境：通过转移或扩展对共享资源的使用来提供更灵活的按需计算机服务，并根据需求的变化调整利用率。

　　（2）更有效地使用硬件：将服务器和工作负载整合到数量更少、功能更强大的物理计算机上，以使用更少的电源和物理空间。

　　（3）改善业务连续性：最大限度地减少工作负载的计划内和计划外停机时间的影响。

　　（4）建立或扩展虚拟桌面基础结构（Virtual Desktop Infrastructure，VDI）：将集中式桌面策略与VDI结合使用可以帮助用户提高业务敏捷性和数据安全性，并简化法规遵从性、管理桌面操作系统和应用程序。在同一服务器上部署Hyper-V和远程桌面虚拟化主机（RD虚拟化主机），以使用户可以使用个人虚拟桌面或虚拟桌面池。

　　（5）使开发和测试更加高效：如果仅使用物理系统，则无须购买或维护所有所需的硬件即可重现不同的计算环境。

9.3.3　Windows Server 2016 Hyper-V的功能

Hyper-V虚拟机包括与物理计算机相同的基本部分，如内存、处理器、存储和网络。所有这些部分都具有功能和选项，可以配置不同的方式来满足不同的需求。由于可以使用多种配置方式，因此存储和网络都可以视为各自的类别。

（1）灾难恢复和备份：对于灾难恢复，Hyper-V副本创建虚拟机副本，该副本存储在另一个物理位置，因此可以从副本中还原虚拟机；对于备份，Hyper-V提供了两种类型，一种使用保存的状态，另一种使用卷影复制服务（Volume Shadow Copy Service，VSS），因此可以为支持VSS的程序进行与应用程序一致的备份。

（2）优化：每个受支持的客户机操作系统都有一组自定义的服务和驱动程序，称为"集成服务"，使在Hyper-V虚拟机中使用该操作系统更加容易。

（3）可移植性：实时迁移，存储迁移和导入、导出等功能使移动或分发虚拟机更加容易。

（4）远程连接：Hyper-V包括虚拟机连接，这是一种可与Windows和Linux一起使用的远程连接工具。与远程桌面不同，此工具为提供控制台访问权限，因此即使尚未启动操作系统，也可以查看客户机中发生的情况。

（5）安全性：安全启动和受屏蔽的虚拟机有助于防止恶意软件和其他对虚拟机及其数据的未授权访问。

9.3.4　Windows Server 2016 Hyper-V配置

在本案例中，使用VMware Workstation软件将Windows Server 2016虚拟化演示远程访问服务RRASVPN功能的安装，参见图1-2。

登录服务器，打开"服务器管理器"（图2-2），点击"管理"，点击"添加角色和功能"（图2-3）。

在"选择服务器角色"窗口，勾选"Hyper-V"，点击"下一步"，如图9-1所示。

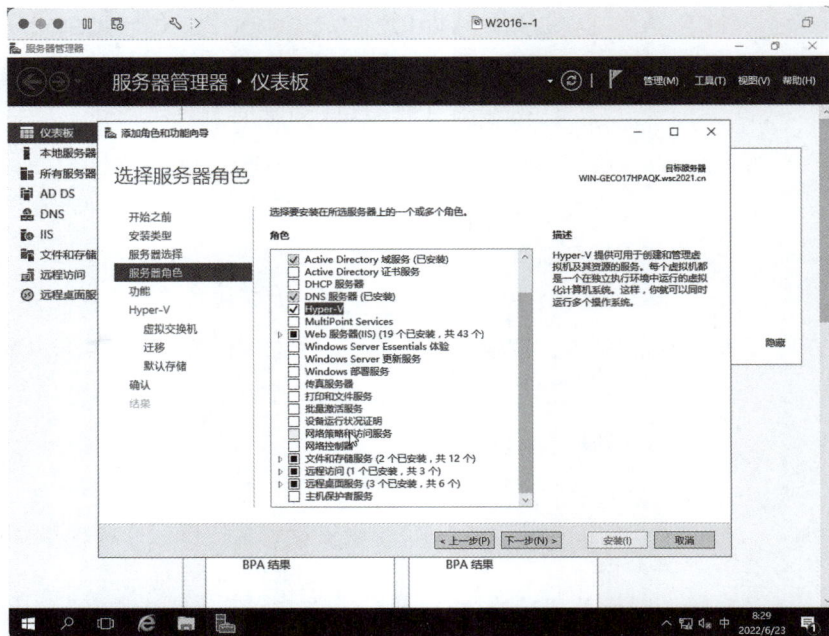

图9-1

在"创建虚拟交换机"窗口，保持默认，点击"下一步"，如图9-2所示。

图9-2

在"虚拟机迁移"窗口，保持默认，点击"下一步"，如图9-3所示。

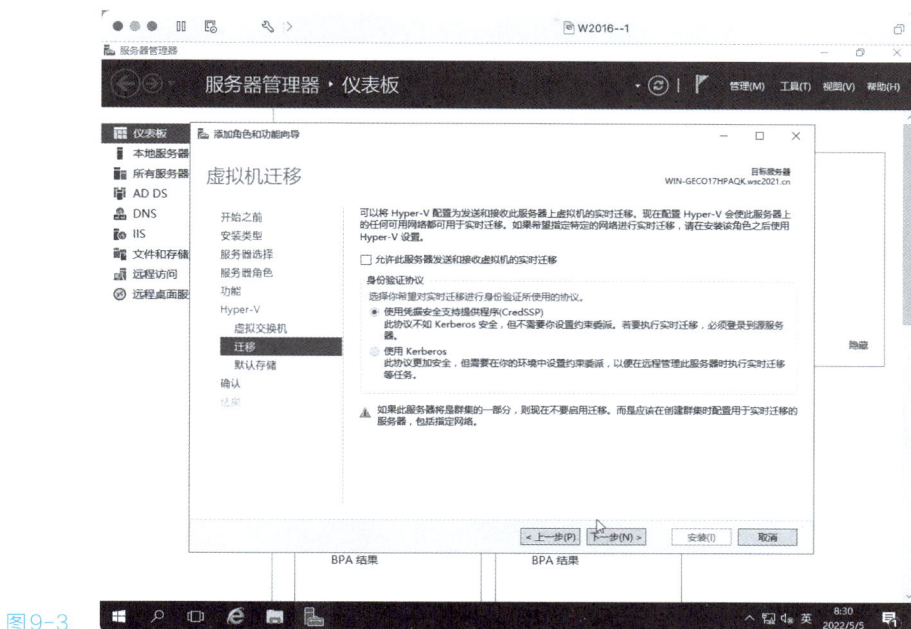

图9-3

在"确认安装所选内容"窗口，点击"下一步"，如图9-4所示。

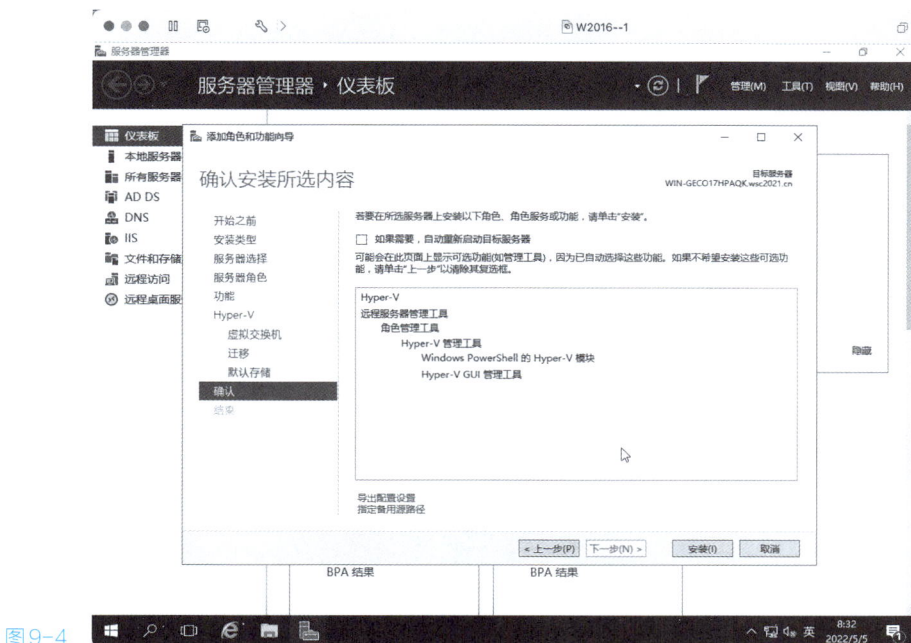

图9-4

等待安装完成，如图9-5所示。

图9-5

在"服务器管理器"窗口，点击"工具"，选择"Hyper-V管理器"，如图9-6所示。

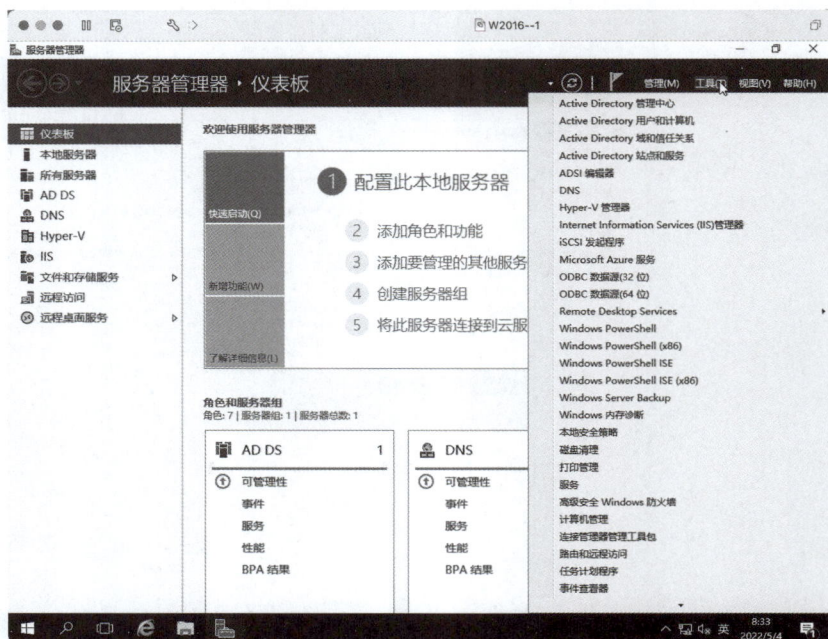

图9-6

在"Hyper-V管理器"窗口，右击服务器，选择"新建"，即可进行虚拟机的新建，如图9-7所示。

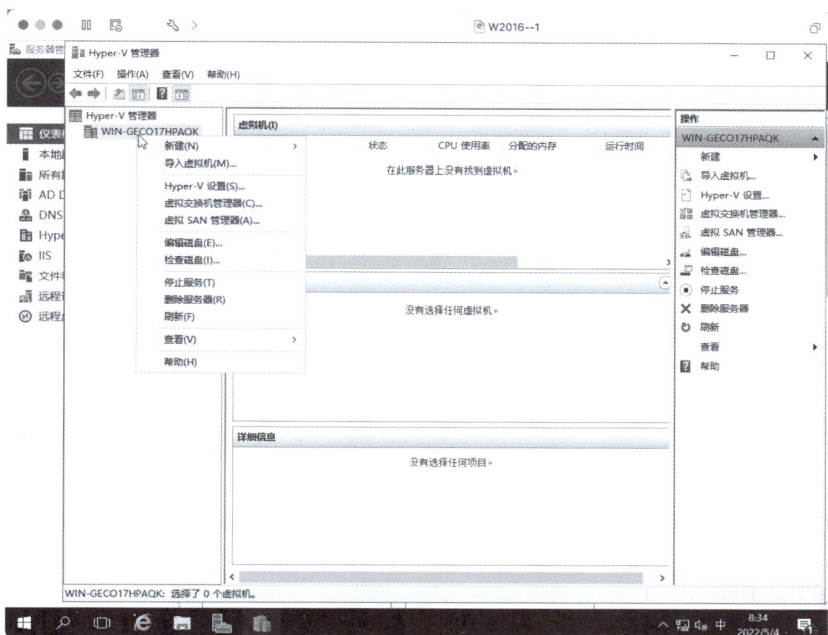

图9-7

9.4　任务练习

读者通过对任务学习部分的Hyper-V服务概念、Hyper-V服务配置等内容的学习，对Hyper-V服务有了进一步的了解，请完成以下练习并编写实验报告。

安装一台Windows Server 2016，并且启用Hyper-V服务，在Hyper-V服务器配置一台Windows Server 2016服务并且运行IIS。

9.5　任务总结与拓展

将Hyper-V服务器配置成高可用功能，该高可用功能称为"Hyper-V群集"，实现主机群集时，需要创建包含运行Hyper-V服务器角色的节点的故障转移群集。有了Hyper-V群集后，可将VM配置为高可用性群集资源。这样就可以在Hyper-V主机级别实现故障转移群集保护。实际上，来宾操作系统及其工作负载不必是群集可感知的。非群集可感知工作负载的一些场景包括基于 Windows Server 的打印服务器或内部开发的自定义业务应用程序。

如果托管高度可用的 VM 的群集节点意外失败，则另一个节点将自动重启或恢复该 VM。如果计划维护事件影响节点可用性，可通过受控方式将 VM 正常移动到另一个节点。考虑将 Hyper-V 服务采用群集架构。

Windows Server 2016 分布式文件系统

10.1 任务目标

① 阅读任务书，明确任务内容，完成任务练习。

② 建议将实验设置为使用 VMware Workstation 或 VirtualBox 虚拟机的形式进行实验。

③ 掌握 Windows Server 2016 文件服务与资源管理的相关操作。

10.2 任务分析

　　某企业现有很多共享文件夹，它们散落到各个服务器上，现在需要将它们统一管理。在此章节，我们将学习如何使用文件服务与资源管理工具进行配置共享。

10.3   任务学习

10.3.1   分布式文件系统概述

分布式文件系统（Distributed File System，DFS）命名空间是 Windows Server中的一项角色服务，使用户可以将位于不同服务器上的共享文件夹分组为一个或多个逻辑结构化的命名空间。组成DFS命名空间的元素如下：

（1）命名空间服务器：命名空间服务器托管一个命名空间，命名空间服务器可以是成员服务器或域控制器。

（2）根命名空间：根命名空间是命名空间的起点。这种名称空间是基于域的名称空间，因为它以域名（例如Contoso）开头，并且其元数据存储在活动目录域服务（AD DS）中。基于域的名称空间可以托管在多个名称空间服务器上，以提高名称空间的可用性。

（3）文件夹：没有文件夹目标的文件夹向命名空间添加结构和层次结构，有文件夹目标的文件夹向用户提供实际内容。当用户浏览名称空间中具有文件夹目标的文件夹时，客户端计算机将收到一个引用，该引用透明地将客户端计算机定向到其中一个文件夹目标。

（4）文件夹目标：文件夹目标是共享文件夹或与命名空间中的文件夹相关联的另一个命名空间的UNC路径。文件夹目标是数据和内容的存储位置。

选择服务器承载命名空间时需要考虑的其他因素，如表10-1所示。

表10-1

服务器托管独立命名空间	服务器托管基于域的命名空间
必须包含一个 NTFS 卷来承载名称空间	必须包含一个 NTFS 卷来承载名称空间
可以是成员服务器或域控制器	必须是配置了名称空间的域中的成员服务器或域控制器（此要求适用于承载给定基于域的命名空间的每个命名空间服务器）
可以由故障转移群集托管，以提高名称空间的可用性	名称空间不能是故障转移群集中的群集资源。但是，如果将名称空间配置为仅使用该服务器上的本地资源，则可以在还充当故障转移群集中的节点的服务器上找到该名称空间

10.3.2　DFS复制概述

DFS复制是Windows Server中的角色服务，能够在多个服务器和站点之间有效地复制文件夹（包括DFS名称空间路径所指的文件夹）。

DFS复制是一种高效的多主复制引擎，可用于在有线宽带的网络连接中保持服务器之间的文件夹同步。它将文件复制服务（File Replication Service，FRS）替换为DFS命名空间的复制引擎，并在使用Windows Server 2008或更高版本域功能级别的域中复制活动目录域服务（AD DS）"SYSVOL"文件夹。

DFS复制使用一种称为远程差分压缩（Remote Differential Compression，RDC）的压缩算法。RDC检测文件中数据的更改，并使DFS复制仅复制更改的文件块，而不复制整个文件，要使用DFS复制，必须创建复制组并将复制的文件夹添加到组中。

每个复制的文件夹都有唯一的设置，如文件和子文件夹过滤器，因此可以为每个复制的文件夹过滤掉不同的文件和子文件夹。

存储在每个成员上的复制文件夹可以位于成员中的不同卷上，并且复制文件夹不需要是共享文件夹或命名空间的一部分。但是，"DFS管理"管理单元可以轻松共享复制的文件夹，并可以选择将它们发布在现有的名称空间中。

10.3.3　分布式文件系统配置

在本案例中，使用VMware Workstation软件将Windows Server 2016虚拟化演示远程访问服务RRASVPN功能的安装，参见图1-2。

登录服务器，打开"服务器管理器"（图2-2），点击"管理"，点击"添加角色和功能"（图2-3）。

在"选择服务器角色"窗口，勾选"DFS命名空间"，点击"下一步"，如图10-1所示。

图10-1

等待安装完成，如图10-2所示。

图10-2

在"服务器管理器"窗口，点击"工具"，选择"DFS Managment"，如图10-3所示。

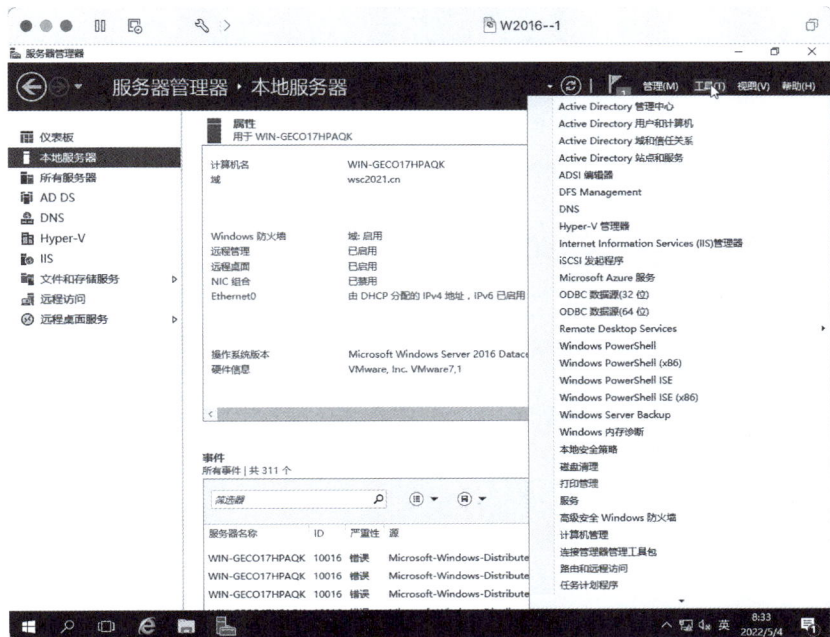

图 10-3

在"DFS管理"窗口右击"命名空间"，选择"新建命名空间"，如图10-4所示。

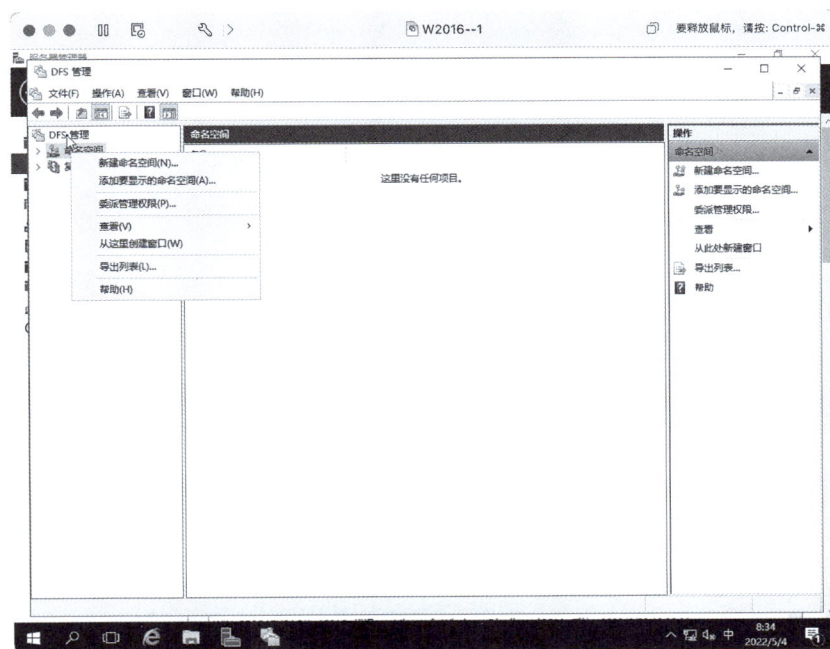

图 10-4

在"新建命名空间向导"窗口的"服务器"输入框，选择当前服务器，点击"下一步"，如图10-5所示。

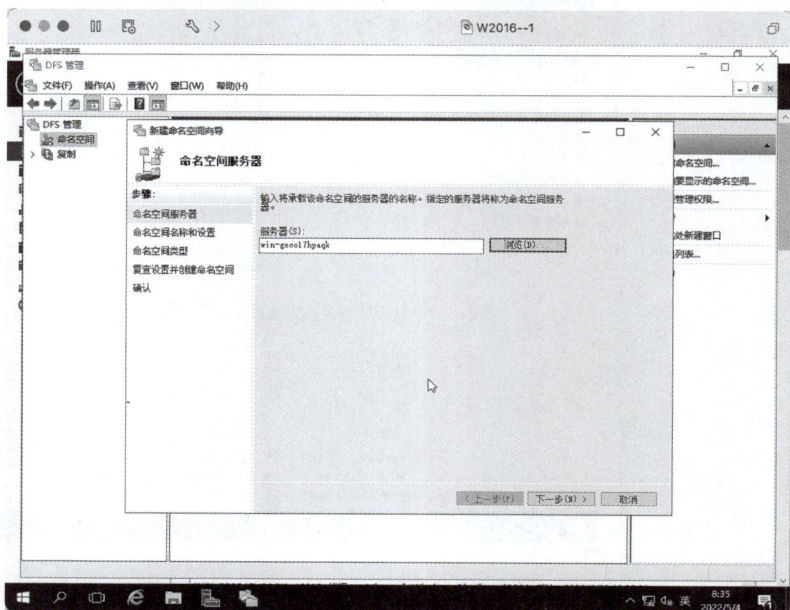

图10-5

在"命名空间名称和设置"窗口的"名称"栏输入"TEST"，在演示案例中使用"TEST"作为命名空间，点击"下一步"，如图10-6所示。

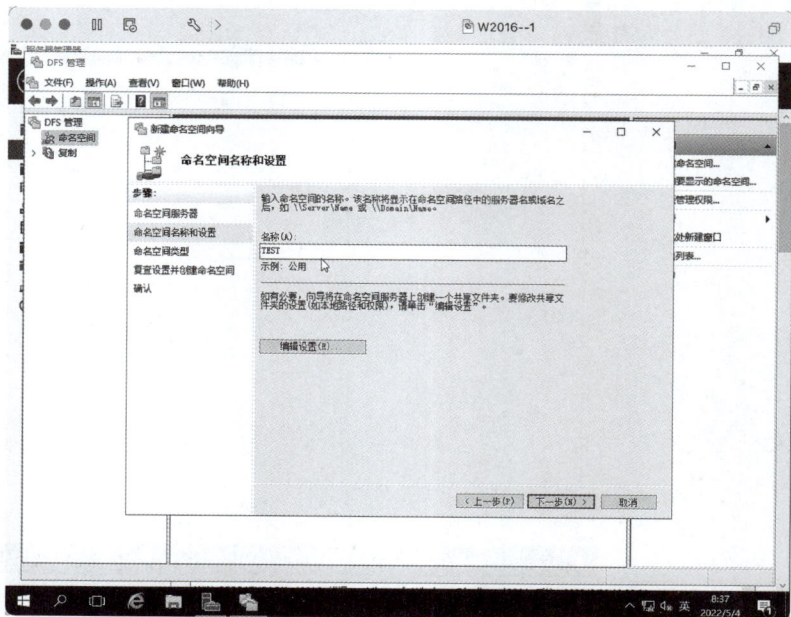

图10-6

在"命名空间类型"窗口，保持默认，在演示案例中使用"基于域的命名空间"，点击"下一步"，如图10-7所示。

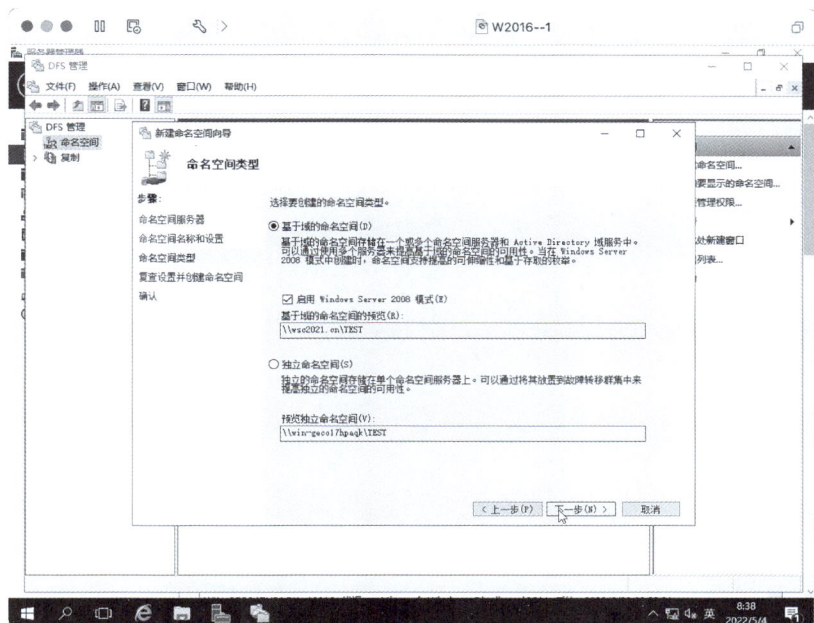

图10-7

确认最后细节，点击"创建"，如图10-8所示。

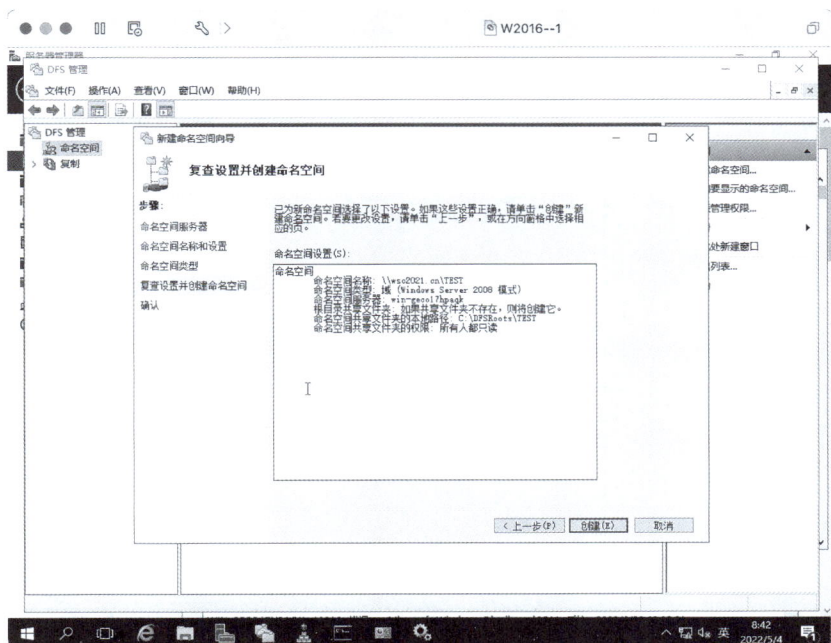

图10-8

创建成功，如图10-9所示。

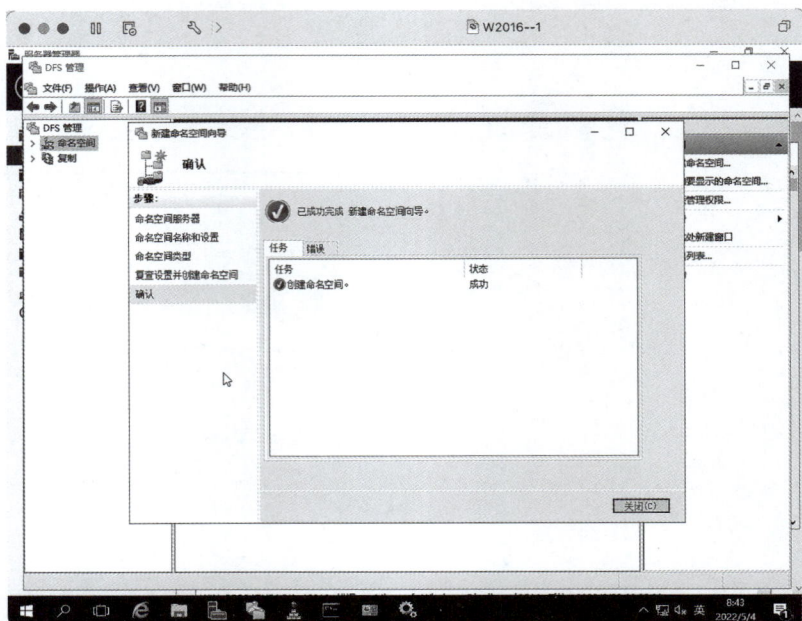

图 10-9

右击"命名空间"，创建文件夹到当前命名空间，当前命名空间名为"TEST"，如图10-10所示。

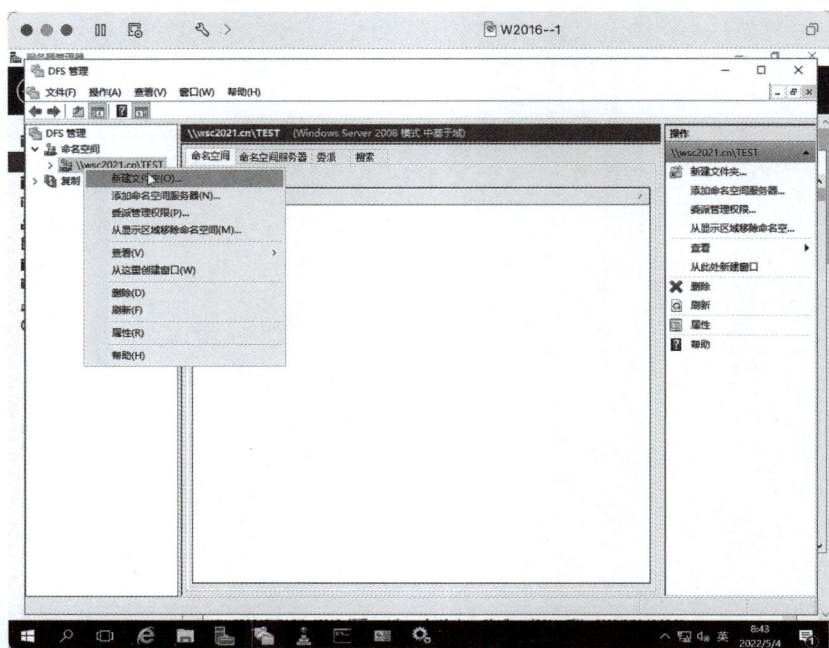

图 10-10

在"新建文件夹"窗口，输入文件夹名称，并且添加"文件夹目标"，如图10-11所示。

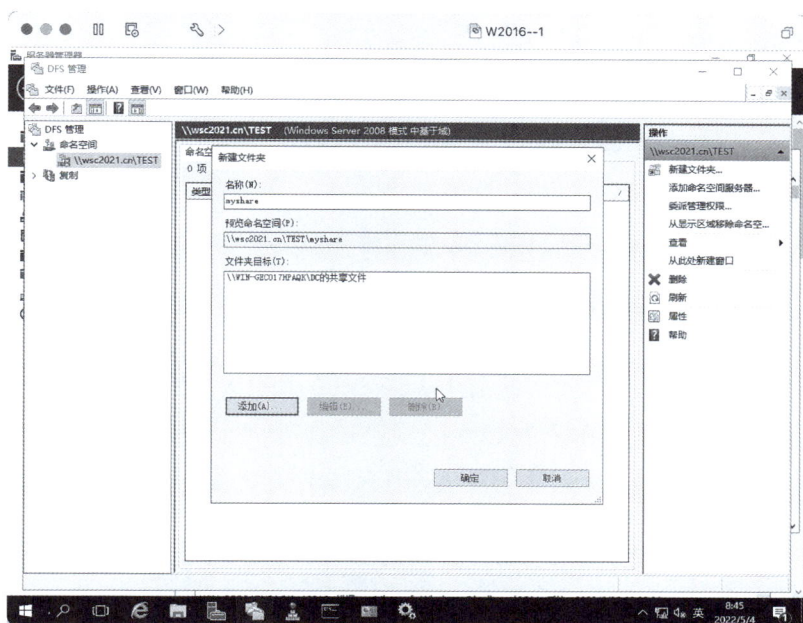

图 10-11

进行访问测试，如图10-12所示。

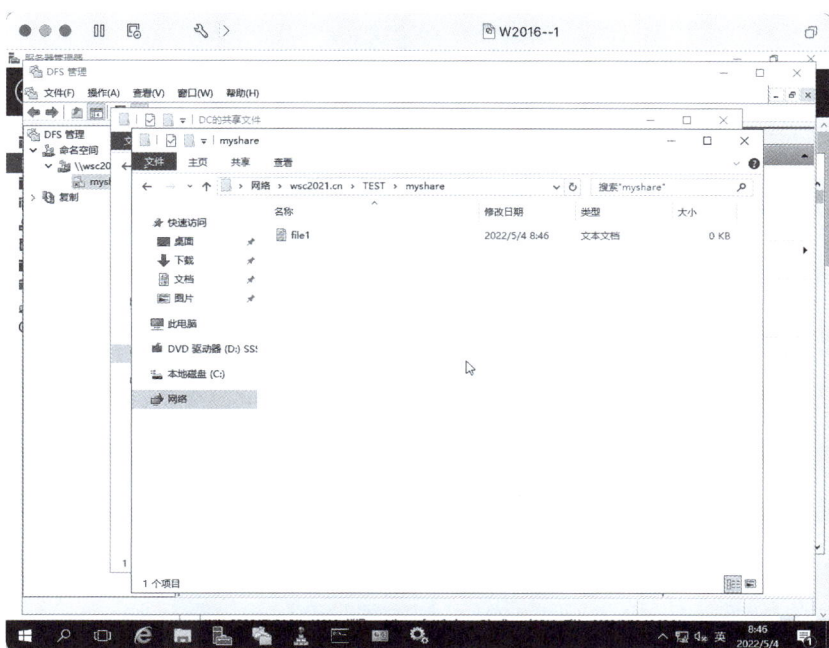

图 10-12

10.4 任务练习

读者通过对任务学习部分的DFS服务概念、DFS服务配置等内容的学习，对DFS服务有了进一步的了解，请完成以下练习并撰写实验报告。

安装两台 Windows Server 2016，配置DFS命名空间在其中一台 Windows Server，并且创建共享文件夹，启用DFS复制技术。

10.5 任务总结与拓展

DFS拓扑从DFS树的根目录开始。位于逻辑层次结构顶部的DFS根目录映射到一个物理共享。DFS链接将域名系统（DNS）名称映射到目标共享文件夹或目标DFS根目录的UNC名称。当DFS客户端访问DFS共享文件夹时，DFS服务器将DNS名称映射到UNC名称并将引用返回给该客户端，以使它能够找到共享文件夹。将DNS名称映射到UNC名称使数据的物理位置对用户是透明的，这样用户便无须记住存储文件夹的服务器。当DFS客户端请求DFS共享的引用时，DFS服务器将使用分区情况表将DFS客户端定向到物理共享。对于基于域的DFS，PKT存储在活动目录中；对于独立的DFS，PKT存储在注册表中。在网络环境中，PKT维护有关DFS拓扑的所有信息，包括其到基础物理共享的映射。DFS服务器将DFS客户端定向到与请求的DFS链接相对应的副本共享列表后，DFS客户端使用活动目录站点拓扑连接到同一站点中的一个副本，如果该站点中没有提供副本，则连接到该站点以外的一个副本。请将AD DS服务部署多站点，并且按照DFS的特性设定DFS架构在AD DS站点中。